河南义马鸿庆寺石窟规划与保护研究

孙 锦 李 芳 著

學苑出版社

图书在版编目（CIP）数据

河南义马鸿庆寺石窟规划与保护研究 / 孙锦，李芳著 .
— 北京：学苑出版社，2022.4
ISBN 978-7-5077-6412-3

Ⅰ. ①河… Ⅱ. ①孙… ②李… Ⅲ. ①石窟—文物保护—研究—义马 Ⅳ. ① K879.294

中国版本图书馆 CIP 数据核字（2022）第 064713 号

责任编辑： 魏　桦　周　鼎
出版发行： 学苑出版社
社　　址： 北京市丰台区南方庄2号院1号楼
邮政编码： 100079
网　　址： www.book001.com
电子信箱： xueyuanpress@163.com
联系电话： 010-67601101（营销部）、010-67603091（总编室）
经　　销： 全国新华书店
印 刷 厂： 英格拉姆印刷(固安)有限公司
开本尺寸： 787×1092　1/16
印　　张： 13.5
字　　数： 183千字
版　　次： 2022年5月第1版
印　　次： 2022年5月第1次印刷
定　　价： 360.00元

前言

鸿庆寺石窟位于义马市东南的石佛村，背依白鹿山，南临涧河。石窟整体布局严整、雕造艺术精湛，浮雕规模大，乃北魏中晚期至唐时期中原中小石窟之代表作品。该石窟原有洞窟和寺院建筑，现建筑已无存，仅存洞窟。窟内计有佛龛四十六个，造像一百二十余尊，浮雕佛传故事四幅。窟形制有中心柱式、三壁三龛式和禅窟几种。窟顶有平面回形顶和穹隆顶两种。造像题材以一佛二弟子二菩萨五尊像为主，其他还有坐佛、西方三圣、释迦多宝、一佛二菩萨等。窟内浮雕面积较大，题材有降魔变、白马吻别、出城娱乐等佛传故事，其他还有宝珠与飞天等。其中第一窟正壁中部的“降魔变”佛传故事浮雕，占去正壁六米宽五米高之大部面积，为国内同类题材作品中最大的一幅讲述了释迦佛修行的佛传故事，是研究北魏至唐代时期佛教传播的实物资料。北壁之“出城娱乐”浮雕，有楼台城郭形象。其中五角形城门楼，是研究北魏建筑难得的重要形象资料。

鸿庆寺石窟在洛阳地区北魏诸窟中，鸿庆寺石窟造像堪为精美，其灵动尚美的精神与卓异精致的造像手法，远胜于时代诸品，被誉为石刻精华、文物珍宝。从其造像形制、风格和开凿手法上看，该窟群造像属于平直刀法与漫圆刀法结合雕刻，巧妙的将作品主题、形式与装饰结合起来，充分显示了匠师的雕刻技艺和丰富的想象力。其雕刻手法充分显示了地方特色，且巧妙的将作品主题、形式与装饰结合起来，显示了匠师的雕刻技艺和丰富的想象力，为研究北魏晚期至唐代石窟的雕刻艺术风格提供了良好的素材。

本书整理了义马鸿庆寺规划研究和策略制定的技术文件。从该项目的历史时代背景，雕凿工艺以及在选址上的特点进行了研究和归纳，并结合河南地区特殊的文化背景，从保护与展示文物古迹价值的角度，对鸿庆寺未来的保护管理工作提出了具体的任务目标。本书同时还提供了鸿庆寺在2017年前后保存状况的基础数据，希望能给热爱遗产保护的同行和读者以有益借鉴和帮助。由于时间过去较长，编校过程也较仓促，书中难免有语焉不详，言之未尽之处，敬请读者指正。

目录

研究篇

评估篇

规划篇

研究篇

第一章　石窟概况

第一节　区域自然情况

一、地理位置

鸿庆寺石窟位于河南省义马市辖区，在市区东南 14 千米的常村镇石佛村。石窟规模较小，大致位于北纬 34° 48′ 00″ 、东经 111° 54′ 00″，东距洛阳市 50 千米，南侧紧邻陇海铁路，北面离 310 国道和连霍高速公路约 3 千米。

石窟地处秦岭支脉的崤山东南麓。这里群山绵亘，峰峦重叠，沟壑纵横，地势起伏，北有海拔 1462 米的韶山主峰，南为海拔 500 米的低山丘陵，南北山地之间是呈东西走向的谷地。涧河由西向东沿谷地穿过，宽处可达千米，窄处不足百米，蜿蜒曲折，石窟即开凿在涧河呈“几”字形转弯处的北岸白鹿山崖壁上。窟南河床宽 80 米，标高 360 米，陇海铁路沿河北一级台地前缘铺设。窟群所在的山崖距铁路 70 米，标高 366 至 410 米，崖石嶙峋，地形陡峭。石窟三面临涧水，背后依韶峰，窟区天然乔木成林，自然环境优美。

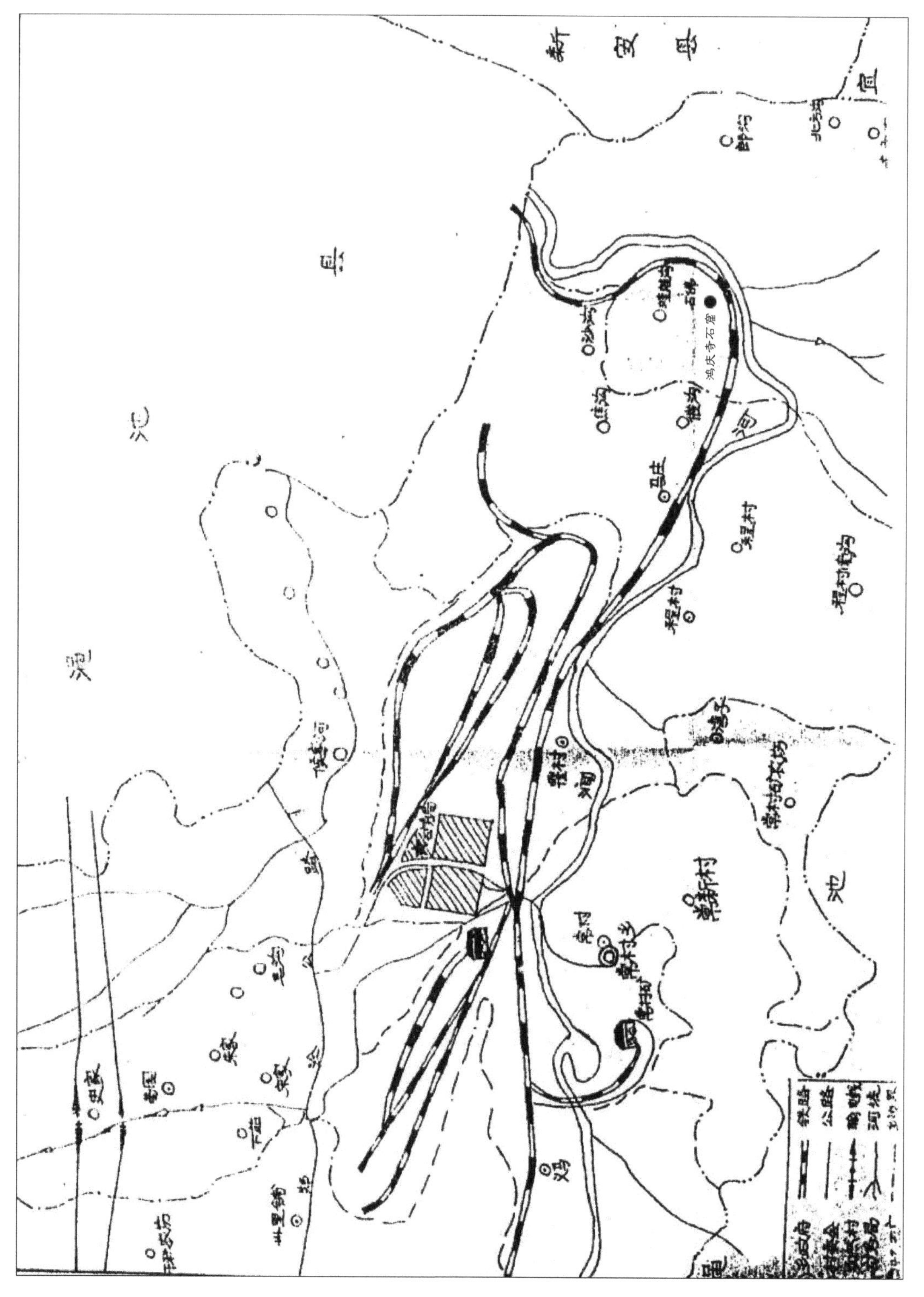

鸿庆寺石窟位置示意图

二、水文

涧河发源于陕县观音堂一带，于洛阳市兴龙寨入洛河，全长 164 千米，属季节性较强的山区河流，水量决定于大气降水，多年平均流量 5 立方米 / 秒，最小流量 0.01 立方米 / 秒，最大流量达 4590 立方米 / 秒。河床由砂砾卵石及黏土组成，其厚度约 10 米。石窟底标高 366 米，高出涧河一级阶地 4 米，窟院东的井水位标高 357.3 米，石窟底高出第四系潜水位 6 米左右，综合窟西泉水露头和地貌分析，石窟常年位于涧河地表水及第四系潜水位之上，处于岩石的饱气带环境中。然而，石窟上方被第四系黄土覆盖，黄土较为疏松，利于大气降水下渗，且围岩节理裂隙发育，导水性能良好。大气降水一部分形成地表径流，另一部分向下渗到基岩顶面后沿节理运移，部分渗入窟内，其余则参与区域地下水循环，为水害提供了条件。石窟经几次补修及墙体支护后，围岩处于暂时稳定状态，节理被人工和自然泥质充填，近些年又降雨偏少，渗入石窟的水量不多，但围岩渗水性即产生水害的基础并没有改变。

三、气候

窟区属大陆性山地温凉半湿润区气候，潮湿系数平均 0.648。据渑池县气象站 1957 年以来观测资料统计，年平均降水量 657 毫米，多集中于 7、8、9 三个月内，占全年降水量的 60% 左右；年最大降水量 1013.6 毫米，历年最大日降水量 111.5 毫米；区内多暴雨，连续降水日数一般为 3 天 ~ 5 天，最长可达 20 天左右。年平均气温 12.4 摄氏度，最高气温 41.6 摄氏度，最低气温 –18.7 摄氏度，月平均最高气温 25.4 摄氏度，最低 –2 摄氏度，夏季日温差 14 摄氏度。霜期始于 11 月初，终于 3 月底，无霜期约 230 天。历年平均降雪天数 15.6 天，积雪最大厚度 30 厘米。冰冻期近 100 天，冻土厚度一般 15 厘米，最大冻土深度为 34 厘米。受涧河谷地影响，窟区盛行山谷风，由于谷地狭管效应，风速可达 20 米 / 秒以上。

四、地形地貌

窟区地理位置在北纬 34° 48′ 00″ 、东经 111° 54′ 00″，东距洛阳 50 千米，邻近陇海铁路和 310 国道。石窟地处秦岭支脉的崤山东南麓。这里群山绵亘，峰峦重叠，沟壑纵横，地势起伏，北有海拔 1462 米的韶山主峰，南为海拔 500 米的低山丘陵，南北山地之间是呈东西走向的谷地。涧河由西向东沿谷地穿过，宽处可达千米，窄处不足百米，蜿蜒曲折，石窟即开凿在涧河呈“几”字形转弯处的北岸白鹿山崖壁上。窟南河床宽 80 米，标高 360 米，陇海铁路沿河北一级台地前缘铺设。窟群所在的山崖距铁路 70 米，标高 366 至 410 米，崖石嶙峋，地形陡峭。石窟三面临涧水，背后依韶峰，窟区天然常青乔木成林，自然环境优美。

五、地质构造

鸿庆寺石窟地处义马向斜之北翼，周边有断层发育。窟群开凿于灰黄色中细粒长石砂岩地层，该层厚 22 米，薄层状构造，斜层理及单向斜交层理发育，层面平滑、清晰，倾向 200 度，倾角 33 度。石窟周围山坡分布有全新统坡积相黄土状亚黏土，底部有零星的砾石，窟院内黄土厚度 1.5 米，窟顶厚度 0.2 至 8 米。石窟上方山顶分布中更新统黄土状亚黏土，厚 10 至 14 米。这些黄土疏松，空隙率大，利于地表水下渗。据勘测结果，由于不同历史时期剪、张应力的作用，岩石中形成了 5 组节理，石窟内主要有 3 组。一组是剪应力作用下形成的剪性节理，走向 30 度，平直光滑如刀剪，平面上延伸远而贯穿数个洞窟，垂向往上贯穿石窟洞顶与黄土覆盖层相连，向下至洞底又延伸一定深度。第二组是在张应力作用下形成的张性节理，走向 310 度，表现出锯凿状张开形态，节理的透水性较好，在与岩层面垂直和平行两个方向上相间分布，空间延伸度不大。第三组节理大致和岩层面平行，由重力和其它应力作用而成，属顺层节理。石窟围岩在这三组节理的作用下完整性受到破坏，被分割成大小不等的岩块。

六、岩性特征

采取石窟围岩的新鲜及风化原岩两组样，编号分别为 H1、H2，由中科院地质研究所、河南岩矿测试中心等单位协作，进行了包括外貌观察、物理力学性能、化学分析和微观测试的试验。H1 与 H2 的干容重分别是 2.55 千克 / 立方厘米，2.23 千克 / 立方厘米；空隙率为 5.5%，17.4%；H1 单向抗拉强度、抗压强度和弹性模量分别是 2.48 兆帕、36.2 兆帕和 5.79Gpa；化学分析显示，H2 较 H1 的钙镁钾钠均有所减少；电子显微及衍射等表明，两组样的砂屑以长石为主，次为石英，泥质、钙质胶结，胶结物中含水云母、蒙脱石。石窟岩石为长石砂岩，矿物组成 90% 以上是长石，余为石英、方解石等；充填式胶结，胶结物为泥质及钙质，含一定量的蒙脱石。岩石质地疏松，风化岩样孔隙十分发育，孔隙率达17%，浸水后逐渐成小碎块裂解，手触即成泥状。据实验结果和现场调查分析，试验样品之新鲜原岩也已风化，只是风化程度较低。窟区砂岩风化厚度达30米，1500年前石窟即开凿在砂岩风化带内。岩性特征是影响和控制鸿庆寺石窟病害的重要因素，尤其胶结物中蒙脱石的存在，该矿物遇水发生膨胀，对粉状剥蚀起着关键作用。

七、植被

植被有常绿针叶树、常绿阔叶树等20多个树种。植被对石窟围岩的破坏包括机械和化学两种，作用均十分显见。石窟崖体上方，先有草、灌木生长，随着新陈代谢产生酸和有机质，从而对岩体腐蚀造成其表面破碎，又为根系发达的乔木提供了生长的条件。树木根系沿岩石节理向下不断生长，对围岩产生压力，形成根劈作用。

八、行政区划

鸿庆寺石窟现属河南省三门峡市义马市辖区。三门峡市位于河南省西部边陲，豫晋陕三省交界处，东连洛阳，南接南阳，西与陕西省接壤，北隔黄河与山西省相望。总面积10496平方千米，地貌以山地、丘陵和黄土塬为主，其中山地约占54.8%，丘陵占36%，平原占9.2%，可谓“五山四陵一分川”。大部分地区在海拔高度300至1500米之间，位于灵宝市小秦岭老鸦岔脑峰海拔2413.8米，是河南省的最高峰。三门峡市区座落在黄河南岸阶地上，三面临三门峡水库，形似半岛，素有“四面环山三面水”之称。

第二节 历史沿革及概况

一、义马市历史沿革

三门峡市是华夏文明的发祥地之一，远在五六十万年以前，这里就留下了人类祖先的足迹；约在五六千年以前就形成较大的氏族部落。约在公元前21世纪—前11世纪，这里是夏商王朝统治的中心区域。西周属虢国，秦置三川郡，西汉改为河南府，汉武帝时置弘农郡，北魏置陕州后一直延续至明清。新中国成立后，设立陕州专署。

三门峡市位于河南省西部边陲，豫晋陕三省交界处，东与洛阳市相连，南与南阳相接，北靠黄河与山西省相望，西依潼关与陕西省相邻，现辖灵宝市、义马市、陕县、渑池县、卢氏县和湖滨区，总面积 10496 平方千米，总人口 220 万。

义马市是在渑池县区范围的义马矿区的基础之上成立的，管辖范围包括几个煤矿，直接归三门峡市管辖。所谓的市城区在十年前还是一片空地，现在城区人口有几万人，主要由义马矿务局职工及家属组成。

早期历史

义马市在隋以前属新安县辖区，县城治所在中心市区西南部下石河村一带。新安始置县于秦，历汉、晋、南北朝、隋各代。北魏孝文帝孝昌三年（527 年）置西新安，隋大业元年（605 年），以西新安划入渑池县所辖，渑池县治所遂移驻新安故城。

大业十二年（616 年）渑池县移治大坞城，后新安故城为新安驿。明清时期，渑池全县编为 30 里，后并为 25 里。义马市所属村庄，分属东一里（石河、礼召、马岭、裴村一带）、东二里（付村、石门、茂岭一带）、东三里（千秋、三十里铺、河口、梁沟、二仙洼一带）和南二里（义马、常村、程村、霍村、石佛、方沟一带）。

民国时期

民国初年沿袭清制。

民国二十年（1931 年）办理自治，划渑池全县为 6 个区，义马市区各村镇分属于第三区（区政府设笃忠）、第四区（区政府设仁村）。

民国二十五年（1936 年）改区设乡镇，渑池县原三、四区合并为新二区（区署设常村），辖有义马市大部分地区。

民国三十一年（1942 年）废区设署，渑池全县划为 11 个乡镇，义马市区各村分属常村乡和千秋镇。

1949 年以后

1956 年，撤区并乡，义马属渑池县千秋镇，一部分地区（石佛一带）属洪阳中心乡。

1957 年，国务院批准设立了三门峡为省辖市。

1958 年，实现公社化。

1962 年，被改为县级市。

1963 年，成立千秋人民公社，同年 12 月，划出义马、常村、三十里铺三个大队，成立义马镇。

1968 年，千秋公社与义马镇合并为义马公社。

1970 年 7 月，成立义马矿区，辖有原义马公社的石佛、马庄、南河、常村、河口、苗元、程村、湾子、霍村、义马、千秋、礼召、二十铺、马岭、裴村、郭庄、付村、石门、梁沟、三十里铺等 20 个大队，分设千秋公社、常村公社和义马镇。

1981 年 4 月 4 日，经国务院批准在义马矿区设立义马市，由洛阳行署代管，下设两个乡（常村乡、千秋乡）和四个办事处（新义街、朝阳路、常村路、千秋路）。

1986 年，洛阳行署撤销，义马市归三门峡市管辖。

1982 年，经上级批准在千秋乡裴村、马岭建新市区，东起千秋煤矿生活区，西至本市西部边界，北至郑（州）、洛（阳）、三（门峡）高压输电网，南至千秋煤矿压煤线，总占地面积 9026 平方千米。白龙涧水自北向南穿市区而过，涧水以东为行政区，涧水以西为工业区。

二、鸿庆寺石窟历史沿革

鸿庆寺石窟位于义马市东南 14 千米的石佛村，背依白鹿山，南临涧河。石窟整体布局严整、雕造艺术精湛，浮雕规模大，乃北魏中晚期至唐代时期中原中小石窟之代表作品。该石窟原有洞窟六座和寺院建筑，现建筑已无存，仅存洞窟五座。窟内计有佛龛 46 个，造像 120 余尊，浮雕佛传故事四幅。窟形制有中心柱式、三壁三龛式和禅窟几种。窟顶有平面回形顶和穹隆顶两种。造像题材以一佛二弟子二菩萨五尊像为主，其他还有坐佛、西方三圣、释迦多宝、一佛二菩萨等。窟内浮雕面积较大，题材有降魔变、白马吻别、出城娱乐等佛传故事，其他还有宝珠与飞天等。其中第一窟正壁中部的“降魔变”佛传故事浮雕，占去正壁 6 米宽、5 米高之大部面积，为国内同类题材作品中最大的一幅。北壁之“出城娱乐”浮雕，有楼台城郭形象。其中五角形城门楼，是研究北魏建筑难得的重要形象资料。

石窟开创的绝对年代无考。据窟龛形制、造像题材、艺术风格和有关资料考察，应始建于北魏景明年间，唐代续凿。据现存碑刻记载：“鸿庆寺由来旧矣，考之金石，创始于六朝间，迨唐景龙五年，□□□□华龛六，虽古式不全而遗迹犹有存者，斯地也。”“昔公输子游我韶阳，登此山峰……称曰白鹿山，乃佛游之地也，闭山门偷修数龛……后周圣历元年，圣主御驾亲临，观此佛境，改名鸿庆寺，历代赐修数次，不记年矣。”

金大定年间（1161 年—1189 年），明确规定寺院所辖土地。寺院仍占有耕地数百亩，纺车、侧轮水磨等生产生活资料一应俱全，每年向村民收取税银。

元代至元年间（1279 年—1294 年）重修寺院殿堂。

明成化、嘉靖年间（1465 年—1566 年）重修鸿庆寺寺院建筑和佛龛。清康熙、咸丰年间（1662 年—1861 年）观音殿、佛殿等。明清两代，寺内屡次修葺佛龛、佛殿、观音殿等建筑，“开经律三藏之文，贯儒释九流之典……库藏无空食，廪有溢，五种之具备，百色之见成，恭为晨香夕烛……金碧辉煌，朝钟暮鼓”。寺内殿宇曾多次损毁和重建，年长村民还知道陇海铁路之南的山门。今寺院建筑已荡然无存，唯有五座洞窟，自北向南编号为一至五窟。

1963 年被首批公布为省级文物保护单位。

1956 年，渑池县报告：“石窟损坏极为严重，山洪暴发直冲洞窟，窟内已淤没过半，墙壁倒塌，上面石顶亦有破裂，大有毁灭危险。”当年省人民委员会两次拨款四千多元，在窟内挖淤土三米深，第一、三窟修建了青砖前壁、瓦顶，开门窗。

1982 年，建设保护围墙。

1994 年，由河南省文物管理局立项，从省文物维修经费中划拨人民币 15 万元，实施了义马鸿庆寺石窟加固保护工程。工程建设单位是河南省文物管理局，法人代表是杨焕成。设计和施工单位是河南省古代建筑保护研究所，法人代表是张家泰。加固保护工程当年实施，工程包括洞窟清理加固和环境治理。一是工程加固方面。第五窟，清理了洞室内积土，修补了窟顶破洞；第二窟修补了窟顶和北壁通透裂缝；对第二、四、五窟所在的山崖陡壁，采用同质未风化石料进行了补砌加固。第一窟和第三窟未做处理。二是环境治理方面。迁移了临近的石佛村小学，窟前场院向东、向南做了扩充，清理了窟前积土和杂树野草，新建了仿唐代建筑风格的山门。该工程当年通过省文物局组织的专家组验收，遏制了石窟急剧的风化破坏，后续保护工程正在酝酿。

2001 年被国务院公布为全国重点文物保护单位，

2002 年 3 月，河南省古代建筑保护研究所，组织专业人员对鸿庆寺石窟开展了系统调查研究。研究了病害、病因和治理技术措施，制定了《义马鸿庆寺石窟抢救保护方案》。

2003 年《鸿庆寺石窟保护研究与方案设计》由国家文物局批准实施。

鸿庆寺石窟从前长时间荒废，置于石佛村小学的厕所旁的窄小空间，杂树野草丛生。80 年代以来，陆续进行了整理，但一直没怎么使用，偶有专业人员前去考察。

三、调查与保护

2002年3月，河南省古代建筑保护研究所，组织专业人员对鸿庆寺石窟开展了系统调查研究，研究了病害、病因和治理技术措施，编撰了《义马鸿庆寺石窟调研报告》。

保护工程：

1956年，因山洪暴发，大水直冲洞窟，窟内淤没过半，窟壁倒塌，窟顶破裂。当年，省人民委员会两次拨款4000多元，由渑池县政府组织施工，在窟内清挖淤土3米深，于第一、三窟修建了青砖前壁、瓦顶，开门窗。

此后，鸿庆寺石窟由于年久失修，加之岩石质地疏松易于风化，损坏很为严重。一定深度内风化而成的黄土受雨水冲刷，堆积石窟院内。石窟与东侧的石佛村小学很近，学校围墙和厕所离洞窟门仅4米。所以，石窟前场院狭小，连同石窟上部的山坡，整个被丛生的灌木杂草覆盖。场院地平高于窟内地面，经常形成雨水倒灌进入窟内。石窟崩裂风化速度很快。第五窟顶部形成直径两米的雨水冲洞，整个洞窟基本全部淹没于黄土之中；第四窟经常积水，洞室为黄土淹没三分之一，下部雕刻全部风化脱落；第三窟为黄土淹没1米多深，窟顶裂缝口处宽达35厘米；第一窟为黄土淹没近一米深，窟顶形成直径一米的雨水冲洞。五个洞窟崩裂缝隙贯通，有1至30厘米宽，可以相互透视。尚未崩塌的第二、四窟前壁厚度，风化至不足原来的二分之一。

1994年，由河南省文物管理局立项，从省文物维修经费中划拨人民币15万元，实施了义马鸿庆寺石窟加固保护工程。工程建设单位是河南省文物管理局，法人代表是杨焕成。设计和施工单位是河南省古代建筑保护研究所，法人代表是张家泰。加固保护工程当年实施，工程包括洞窟清理加固和环境治理。一是工程加固方面。第五窟，清理了洞室内积土，修补了窟顶破洞；第二窟修补了窟顶和北壁通透裂缝；对第二、四、五窟所在的山崖陡壁，采用同质未风化石料进行了补砌加固。第一窟和第三窟未做处理。二是环境治理方面。迁移了临近的石佛村小学，窟前场院向东、向南做了扩充，清理了窟前积土和杂树野草，新建了仿唐代建筑风格的山门。

该工程当年通过省文物局组织的专家组验收，遏制了石窟急剧地风化破坏。

2004年初，国家文物局拨付人民币40万元，开始做鸿庆寺石窟的整体规划和环境治理。

第二章　现状调查

鸿庆寺石窟由六个洞窟构成，依山势高下开凿，南北横向排列，坐西朝东。自北向南分别标记为一窟、二窟、三窟、四窟、五窟、六窟，第六窟现已风化殆尽。

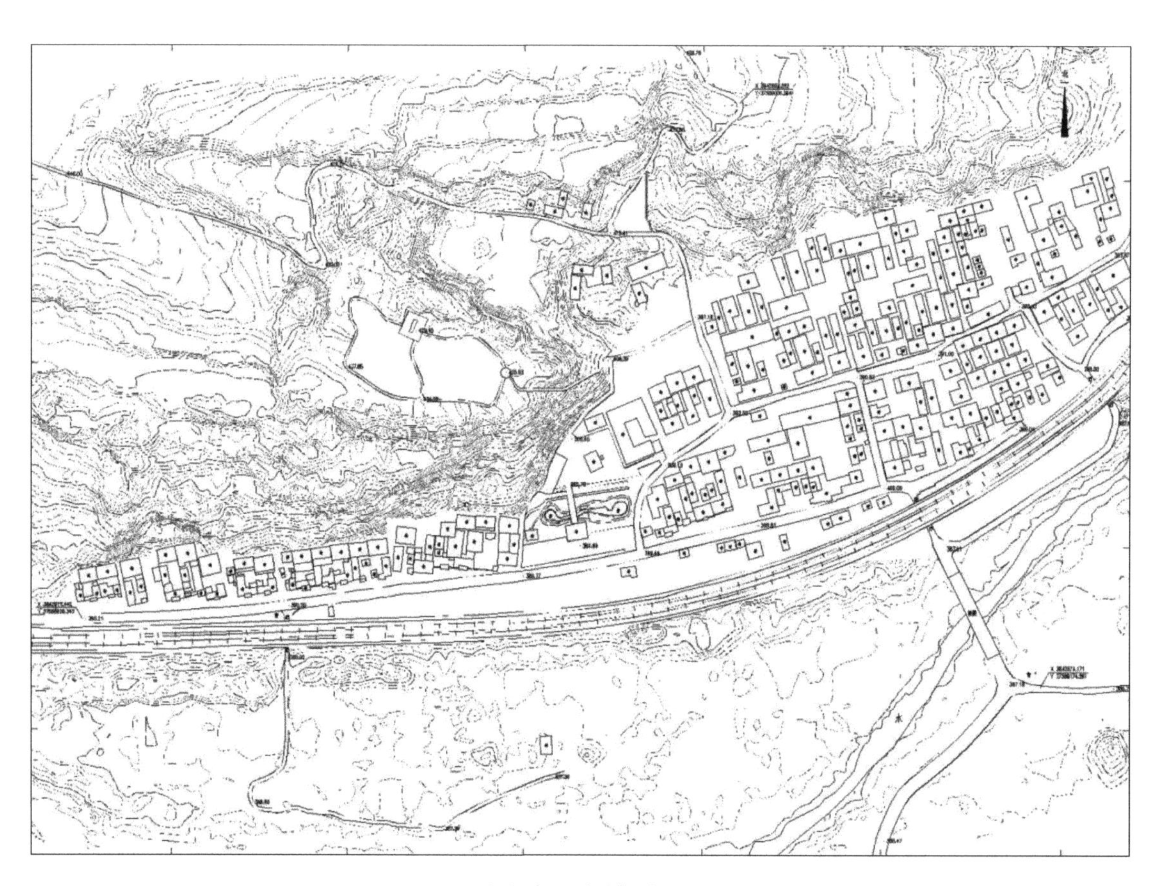

鸿庆寺石窟地形图

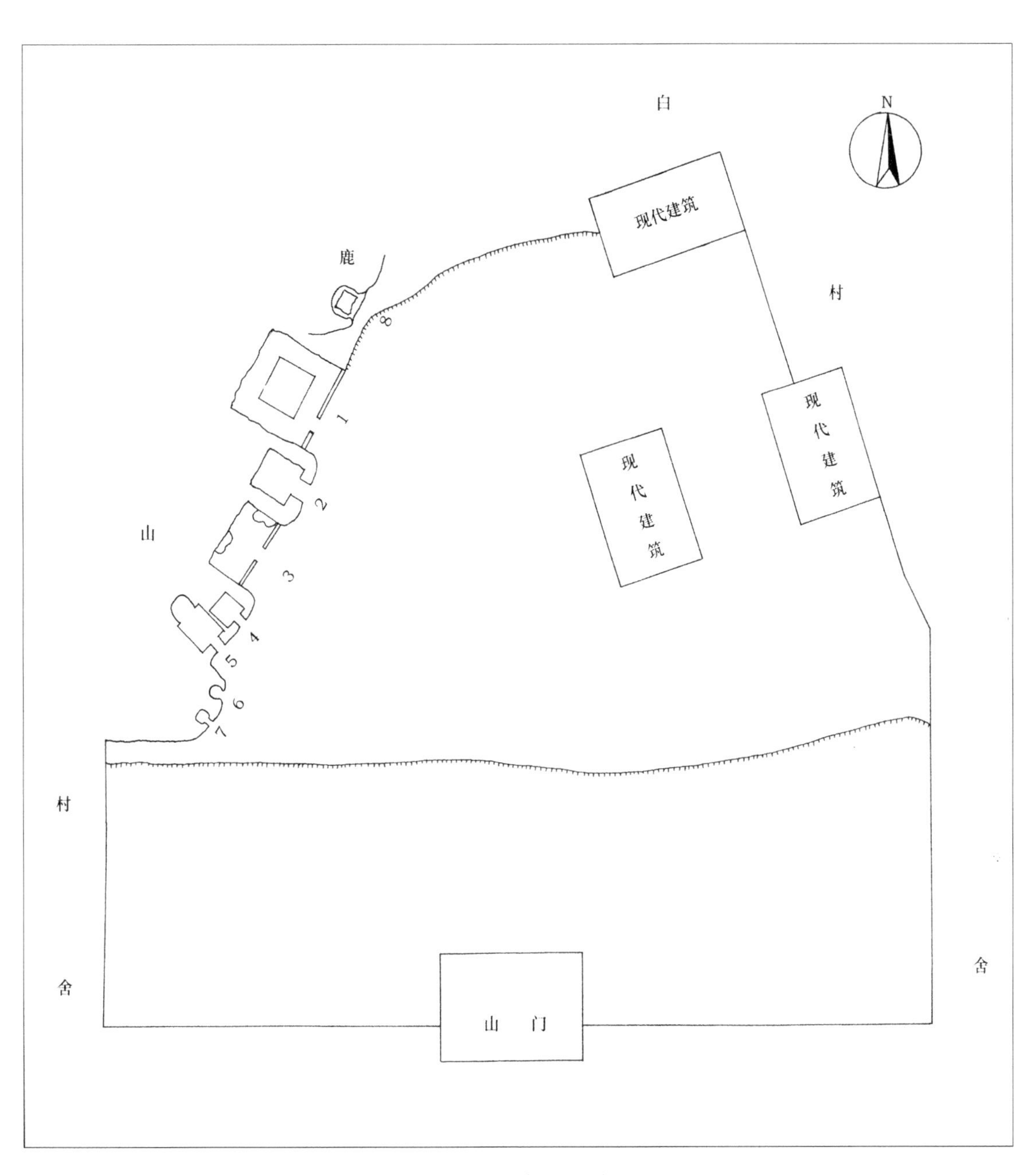

鸿庆寺石窟总平面图

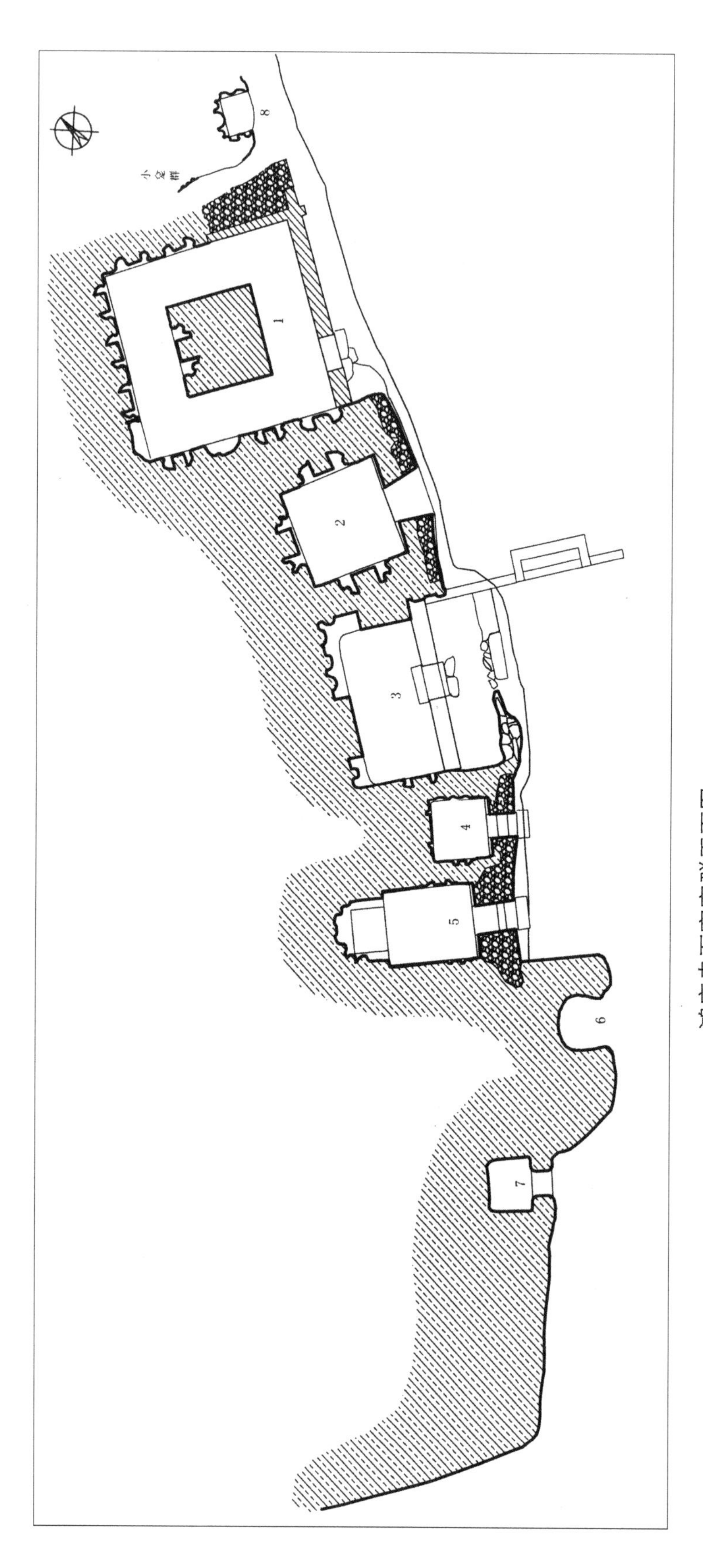

鸿庆寺石窟窟群平面图

第一节　一号窟

窟型：中心柱窟（平面回形顶）

开凿年代：北魏晚期

佛龛特点：中心方柱四面为五尊式布局，西、南、北三壁均为大型浮雕佛传故事图

洞窟朝向 NE120 度。平面呈长方形，深 6.5 米，宽 6.1 米，高 6.1 米，南北壁皆长 6.1 米、东西壁皆长 5.9 米。靠后开凿方柱，中心柱东西面宽约 2.74 米、南北面宽约 2.93 米。平顶，顶大部崩塌，余皆剥蚀，尚存格框痕迹，可知上雕平齐。

洞窟自南壁中间到西北角以外的前部崩毁，坍塌量约近五分之四。南壁下部保存较多，方柱存内侧一小部分，北壁近洞室角处残存，前壁全部塌毁。后代以青砖补砌南壁、北壁、方柱和前壁，窟顶前部补做砖券，1956 年重新对砖墙做了修整，窟顶做成斜坡瓦盖。砖砌前壁压在原洞窟内平面上，堵住南壁下部的佛龛，墙面开一门一窗。洞窟塌毁的残迹压于砖墙和碎石、积土之下。

方柱位于洞窟中间靠后，后面距正壁 1.5 米，北面距北壁 1.5 米，南面距南壁亦 1.5 米，而前面距前壁约 2.3 米。即方柱前面比后面宽敞 0.8 米，形成洞窟前敞后狭的状况，符合明间大于暗间的中原建筑习惯。只是前壁坍塌，现存砖砌前壁改变了原貌，人们才不易觉察而已。

方柱上下均严重坍塌剥蚀，加之碎砖杂土淹没，所以，以前多次的简单调查很难搞清楚具体尺度。经过探坑清理，发现原始洞窟地面被淹没 61 厘米 ~ 65 厘米深，之上是碎砖石、杂土，个别地方有白灰。

一、方柱

方柱原始高 6.1 米。现存地面之上，前面、后面皆宽 3 米整，南面、北面皆宽 2.7 米。方柱下部尺度较上部大，可能是有出台，出台宽约 I0 厘米 ~ 15 厘米。方柱直通上接窟顶。后面完整，下部正中开凿大龛。南北面下部对称残存大龛，自上而下为所砌青砖封堵多半。据观察测量，大龛之高度、位置与后壁大龛接近。正面几乎全部塌毁，被砌砖封堵，应该也是于下部中间开大龛。可见，方柱是在四面之下部中间位置，对称各凿一大龛。

方柱正面砖墙中间嵌一明代石碑，根部正中应该是大龛龛基下的位置，显露一组雕刻。这组雕刻高 0.65 米，宽 1.75 米，高浮雕，仅剩轮廓。中间是一博山炉，博山炉两侧对称各有一供养人，供养人外对称各雕一动物形象。北面大龛由残存可见是尖拱形，龛高 1.95 米，尚露出左侧菩萨的左侧身躯，左臂屈肘置腹侧，帔巾绕肘外扬。龛上方是大面积的浮雕，上端存锯齿纹饰。南面亦开尖拱形大龛，龛高 1.95 米，露出右菩萨之右侧，火焰宝珠头光，右臂屈置腹侧，帔巾绕肘外扬。方柱南北现存壁面剥蚀严重，从遗存痕迹推测，可能是浮雕佛传故事。据说，1955 年之前，北面大龛上方两侧存有供养人、飞天遗迹。南面大龛上方还可见一人骑马，马作低头啃蹄状，马后有一侍童撑伞，侍童后又有一人骑马，后亦有伞盖，可能是礼佛图。

方柱后面凿一尖拱形大龛，高 2 米，宽 1.63 米，深 0.73 米，龛基距现地面高 0.58 米，距原地面高约 1.2 米。龛内造像一铺五尊，为一佛、二弟子、二菩萨。主尊居中，为倚坐佛，跏趺于方座，左手曲举，右手置腹前。肩宽 48 厘米，座宽 75 厘米、深 55 厘米、高 50 厘米。佛通高 140 厘米，身高 95 厘米，头高 42 厘米，有舟形身光痕迹。左弟子风化剥蚀严重，右弟子双手合十。左胁侍菩萨左手下垂持物置腹，右臂屈肘手上举于胸，可明显识别肩臂有帔帛；右胁侍菩萨头冠，左手上举于胸，右臂屈肘下垂手持物置腹，肩臂有帔帛，绕左右肘外扬，通高 115 厘米，肩宽 22 厘米。大龛上方开一浅龛，主尊居中，为释迦像，像高 60 厘米，跏趺于方座，圆形头光，舟形背光，高髻，面像较长，胸平，左手置腹，右手上举于胸，作说法印。佛像背光上方左侧遗存两身飞天。方座两侧各雕双鹿，鹿跪姿。左胁侍菩萨左臂屈肘手置胸前，右臂屈肘手上举；右胁侍菩萨剥蚀严重。两胁侍菩萨之外各雕两排供养人，两排供养人的雕刻位置，由内向外随下部大龛龛楣逐渐降低，两端下方刻出平边。左侧供养人两排，前排 5 身，跪姿、双手合十，后排 6 身，手擎华盖；右侧供养人亦两排，前排 5 身，跪姿、双手合十，后排有 5 身可辨，应为 6 身，手擎华盖。供养人之上还有约 45 厘米高的壁面已剥蚀。此画面两端到壁面边沿各有 15 厘米，画面宽 2.05 米，高 1.1 米。此幅浮雕，应为“鹿野苑初转法轮”故事。画面上方还有 1.5 米高度的壁面，皆有浮雕痕迹，中部似有浅龛，亦应为佛传故事。可见，中心柱后面雕刻分为 3 层，下凿大龛，上为两层浮雕佛传故事。

二、西壁

洞窟正壁，即此窟后壁，宽 6.1 米，高 6.1 米，38 平方米，中部横向排列小佛龛，将壁面分作两层。小佛龛尖拱形，高约 25 厘米 ~ 28 厘米，深约 12 厘米。宽窄不等，南侧的宽 13.5 厘米，北侧的宽 15 厘米。排列紧密，计 35 个，均雕跏趺坐佛，剥蚀严重。

下层壁面高约 2.8 米，南端积土淹没 0.61 米，北端淹没 0.64 米，并列开凿 4 个大龛。龛之上沿距上方排列的小尖拱龛约 0.7 米，雕刻已全部剥蚀。龛之下沿距现砖铺地面约 15 厘米 ~ 20 厘米，即大龛距离原地面的高度约是 0.75 米。四大龛高 135 厘米，宽 110 厘米，自北一、二、三龛剥蚀仅剩轮廓，南端龛崩塌毁坏无遗。现存 3 个大龛，第一、二龛深 40 厘米，第三龛深 50 厘米。从遗迹观察，均雕一佛二菩萨，佛坐方形，主尊高低不同。第三龛主尊跏趺于方座上，似作禅定印，下部所存座的部位特别低矮，宽 65 厘米、深 35 厘米、高 15 厘米；第一龛和第二龛下部所存座的部位较高而窄，宽 45 厘米、深 30 厘米、高 25 厘米，可能是交脚像。第一龛剥蚀严重，第二龛佛像左手置腹，右手上举于胸前，似作说法印。

上层壁面高 3 米，宽 6 米，画面分作 3 幅。

南侧的一幅，是一方形帷幕浅龛，龛宽 120 厘米，龛深 12 厘米。龛楣为一拱梁，梁上装饰盛开的莲花，梁下雕鳞纹两排、锯齿纹一排，下系帷幔，拱端各雕龙头，口衔帐坠，帐坠下饰类似汉代使者所持之“节”状缨串，缨串下垂至地面。龛两侧各刻一柱，龛内佛头光上方刻两柱，柱上有枋，枋下垂帷幔。龛内本尊为立佛，稍靠龛左，面相方圆，微露笑意，面容安详，面视左侧，圆形头光，高肉髻无纹饰，腰部以下崩塌脱落。内着僧祇支，外着褒衣博带袈裟，衣带束于胸前，下垂至腹，衣襟搭于左肘上又垂下，披肩衣纹斜向上折，下方衣纹呈阶梯状弧线形平列，感觉衣料厚重。左臂前伸，手持圆形物，物下有一相接的手。右手残，似举于胸前。主尊侧身面向整个正壁中心，和壁北侧帷幕龛一样，配合形成正壁整个画面的统一和谐。佛南侧靠壁面边沿处造两列像，北侧靠壁面中心处造一列像。佛左侧两弟子，下部靠前的弟子面向佛，上部靠后的弟子深目高鼻，扭头与佛相视同一方向，两弟子皆双手合十，披袈裟，跣足站立。佛右侧位置稍下，并列显示前后地雕两身菩萨，均双手置胸前，侧身向佛，前面的菩萨可见跣足立于覆莲座上，头残，胸较平，帔巾自腰侧下垂，呈环状横交于腹下方，长带绕肘下落至膝下位置，长裙着地，衣纹平直呈阶梯状。两身弟子于菩萨头上方并列，靠外者侧身向佛，靠内者扭头侧面向外，均双手合十，身披交领宽袖袈裟。

北侧的一幅，亦是一传统建筑装饰的方形龛，龛宽 140 厘米，龛深 14 厘米。龛上方有 4 柱，柱下部被造像遮挡，不像南端的龛侧柱落地，龛上方的壁面剥蚀，似有拱梁，拱端饰龙头，南侧亦有若汉代使者所持之“节”状缨串垂下。龛内主尊稍靠龛右侧，圆形头光，头残，从遗迹看面相方圆，左手平置于胸，右手上举掌心向外，内着僧支，外着褒衣博带袈裟，衣襟搭于左肘垂下，胸腹衣纹平列呈阶梯状，跣足立于低台之上，台高约 10 厘米，台下有仰莲，侧身面向整个正壁的中心。佛北侧靠壁面边沿处造两列像，南侧靠壁面中心处造列像。左侧菩萨冠和面部稍残，面相方圆，颈长，火焰宝珠头光，侧身向佛，左手持莲花伸于胸腹之际，右手五指上扬置胸前，颈系桃形尖状项饰，帔帛搭肩，肩上有圆形饰物，长带绕肘外扬垂至膝下，衣纹阶梯状垂直平列，跣足立于低台。右侧菩萨面部剥蚀，也是火焰宝珠头光，面向前方，左手持莲实举胸前，右手平伸向外举物，帔帛垂至腹下，呈环状交叉重叠，长带绕肘外扬，也跣足立于低台。左菩萨外侧雕一弟子，圆形头光，身披袈裟，身躯被遮挡，显得矮小，靠后站立。 右菩萨外侧站立一菩萨装人像，身躯修长，位置低矮，无头光，高发髻，戴下部尖状圆项饰，上穿短襦，宽袖，下着长裙，束腰，长带垂于膝下，露足，肩绕帔巾，左手持莲花过肩，右手持莲花于胸前，身微侧，面部扭向主尊，立于莲台，衣纹平直阶梯状。主尊头光右侧有一罗汉像，左侧有两罗汉像，均为圆形头光，头残，身躯挡在左右菩萨身后。

中幅宽 3.5 米，整幅为“降魔变”佛传故事图。画面正中凿一浅龛，浅龛下部曾长期埋于积土之中，佛像被盗毁，从遗迹可辨为坐像。危左侧遗存菩提树和释迦佛座之左端覆莲雕刻。龛正上方、左上方亦雕菩提树。龛之上方正中，二魔竖发，裸上身，穿短裤，屈腿，各托山下压。龛之右侧雕 7 魔。最上方，一魔骑怪兽，左臂托物；其下是一夜叉，裸上身，穿短裤，骑怪兽，张弓拉箭欲射；再下有两魔，一魔裸上身，穿短裤，持矛向菩提树刺击，一魔猴头，裸上身，穿短裤，双手挥舞长蛇向佛进攻；最下有 3 魔，一个手持刀盾，一个手持长梃，夜叉口吐毒气。龛之左侧雕 12 魔。最上方 2 魔，一魔牛首，喷火，手挽长蛇，另一魔握拳曲肘做奔跑状。其下 3 魔，一魔持矛刺向菩提树，一魔口吐蛇头手击大鼓，一魔手托巨龟骑着张口猛虎朝佛疾驰。再下有 3 魔，皆武士装束，一魔右手执盾左手举刀，一魔双手持棒，另一个双手持刀，皆向佛攻击。最下靠里有魔王手握剑柄面佛而立，魔王身后是悦彼、喜心、多媚 3 魔女，3 魔女梳高髻，手持团扇，翘首弄姿。

各种魔鬼之间和画面边沿，还雕刻许多毒蛇、怪兽等，多作飞舞奔驰、张牙舞爪状，群集向释迦佛进攻。

三、南壁

南壁与北壁同样面积，东侧上部随前壁一起崩塌，后用青砖补砌，下部雕刻被封堵于砖砌前壁内。壁面也和正壁类似，分为两层雕刻。不过不像正壁那样上下层以一排千佛龛隔离，而是上层浮雕直接下层大龛龛楣。

下层壁面高 2.61 米，下部积土淹没 0.61 米，在现砖铺地面之上 10 多厘米的高度，东西并列开凿 4 个大龛。龛基距洞窟原地面高度，大约是 0.75 米。四大龛自西向东一、二、三、四龛均为尖拱形。第一龛高 135 厘米，宽 110 厘米，深 45 米；龛内雕 3 尊像，主尊为一交脚弥勒，佛座比较窄高，座高约 30 厘米，佛通高约 80 厘米，左右是 2 菩萨像，右菩萨残高 100 厘米。第二龛尖拱形，龛高 98 厘米，宽 110 厘米，深 47 厘米，龛楣高 40 厘米。龛基下方正中一博山炉，博山炉两侧各雕一供养人。右供养人仅存头部，左供养人左手持物置胸前，右手持莲花弯曲上举，下肢残。龛内正中偏右位置，浮雕一跏趺坐佛，其下似有低矮台座，高髻。该佛像右侧浅浮雕刻 5 人像，形象较小，5 个人物的尺度不足佛像。上排 3 人，高发髻，内侧两人相向私语，龛边沿的一人面向龛中心；下排两人无发髻，跏趺坐。5 人物下、龛基上方又刻 3 人，模糊不清，似为坐姿。龛左侧上方尚存与右侧对应的小像 1 个，高发髻，龛基上方也有对应的 3 个人物轮廓。龛顶部左侧遗存菩提树浮雕残迹。龛内无主尊雕刻遗迹，龛正中偏左处造像尺度亦不大，从痕迹观察，不高于右侧佛像。该龛内雕刻内容可能是释迦多宝或佛传故事。第三龛为尖拱龛，高 135 厘米，宽 110 厘米，深 50 厘米；龛内雕 3 尊像，主尊可辨识为跏趺坐佛，佛座宽 50 厘米，深 32 厘米，较宽矮。两侧雕 2 胁侍菩萨，左菩萨左手持一物下垂腹侧，右手举胸前；右菩萨右手置腹侧。第四龛尖拱形，高 135 厘米，宽 110 厘米，深 45 厘米。龛内 3 尊像，主尊为跏趺坐佛，左右雕 2 胁侍菩萨，右菩萨存残迹，左菩萨无存。龛楣上方尚存两个人物雕刻。楣尖左侧 1 人，跪姿，两手臂弯曲上举于面前，似吹笙，高发警，长颈，着长裙，交领，束腰，帔巾自背后绕胸前，穿肘向身后斜向飘扬，下部衣纹呈弧形阶梯状。楣尖右侧 1 人，大部已毁，仅余覆莲低矮座。2 人中间雕相对巨大的带茎莲叶和带茎莲蕾，莲叶、莲蕾和人物帔巾向同一方向飘动，非常写实。外侧被砖砌前墙封堵的还有仰莲台座。

上层壁面高约 3.3 米，宽 6.5 米，现存壁面自内向外分幅布置一、二、三组浮雕画面。从坍塌部位和遗迹观察，最外侧在下层第四、第三龛上方的位置，还应有 1 至 2 幅雕刻。

第一组画面紧靠洞室西南角部，宽 1.65 米，浮雕“犍陟惜别”佛传故事和礼佛图。正中雕一枝叶繁茂的菩提树，菩提树旁写意雕出山峰重叠，树下是一思维形象菩萨。菩萨身躯前躬，俯视，左腿下垂，赤足，下踏低矮的莲花圆座，右腿屈置于左腿上，左手抚右膝，右肘支于腿上，手托腮。头戴莲花冠，圆形头光，头光无纹饰，腕上戴钏，肩披帔巾，上着内衣，结带于胸前，下穿裙，裙裾贴腿，并摆向两侧，纹饰呈阶梯状。菩萨前雕一马，形体健壮，后退屈蹬，前肢跪卧，俯身引颈吻释迦左足。释迦决意出家，神情自然，犍陟姿形生动，佛与马两者联系密切，成为有机之整体，情景交融，恋恋不舍、依依惜别之情刻画入微，惟妙惟肖。马右侧菩萨前有 1 人跪姿。马左侧雕刻 1 组礼佛人物，分 4 排站立，现存 10 人。前排 2 人，头梳双丫髻，身着对襟宽袖襦衫装，内侧 1 人手擎华盖。第二排 3 人，第三排 4 人，第四排 1 人，均带笼冠，褒衣博带袍服。菩萨下方现存 1 人，头戴笼冠，人物两侧雕带枝莲蕾、莲花。菩提树上方靠窟顶处遗迹很像一身飞天，胸、双臂依稀可辨，左臂屈肘向前，右臂弯曲，手部残，头部等已模糊不清。在飞天正下方、华盖上下和释迦后面，刻有盛开、半开的莲花及带茎莲花。

第二组画面中部开凿一浅龛，龛高 110 厘米，宽 60 厘米。龛左侧佛像虽然剥蚀严重，尚依稀可辨。从遗存痕迹和位置判断，龛右侧亦有一佛像。此龛雕刻可能为释迦佛、多宝佛像。龛下方还有 0.45 米高的壁面，龛上方有 1.8 米高的壁面，均剥蚀殆尽。

第一、二组画面间雕竖框分割，框宽 8 厘米。

第三组画面宽 2.3 米，约占据下层第二、第三两大龛的横向位置。画面中部造 3 尊大像，主尊居中，身躯位于开凿的浅龛之内，下部佛座和衣纹浮雕于壁面。龛高 110 厘米，宽 90 厘米，深 20 余厘米。主尊跏趺坐，右足前露，下为覆莲座，通高 150 厘米，座高 45 厘米，座宽 90 厘米，头残，宽肩，双手作禅定印，内着僧祇支，外着褒衣博带袈裟，衣裙在座前分四部分下垂，两侧接于座下莲瓣。左侧大像仅存头部，高髻，火焰宝珠头光，右臂屈肘向外平伸，手托大莲花，侧面向主尊，下部残，遗迹尺度与主尊右侧大像对称，飘带绕肘外扬。右侧大像较完整，胸部剥蚀，右手臂平放胸前，左手毁，似作禅定印，亦可能是与左侧大像对称左手持花，已无可辨识，露右足，跏趺坐于方座，座下雕巨大的带枝仰莲承托，座高 35 厘米，座宽 50 厘米，像通高 10

厘米，高髻，似火焰宝珠头光，衣裙在座前呈双层折叠下垂，侧面向主尊。右侧大像之右侧雕2人，下方一人赤足立于覆莲座，头残，双手前伸，著长衣；上方一人仅露上半身，模糊不清。主尊佛像靠上的左侧并立两菩萨，靠内者花冠，左臂弯曲手置胸前，右臂弯曲下垂，手持净瓶；靠外者被左侧大像遮挡，仅露胸以上，左手托物，右臂下垂。两菩萨之上还有一人，仅露头、胸，花冠，颈长。再往上的壁面雕花卉、云朵和植物纹饰，龛上方左侧似有飞天形象，模糊不清。观察壁面崩毁状况和空间位置，这组画面的人像雕刻可能是对称布置的。龛上部似若正壁那样有帷幕，两侧有柱。

紧挨第三组画面的下方，在壁面下层大龛第二、第三龛龛楣之上，以两龛中间为中心，统一布置了花卉、人物浮雕，现存9个人物，均为歌舞伎乐。

第三龛龛楣右侧，中间雕一朵很大的盛开莲花。该莲花两侧各刻1人相向，跪坐于覆莲上，一人模糊不清，另一人花冠，右手臂弯曲，手似持物在腭下，可能是在吹笙，左手臂残毁，耸左肩，2人可能是伎乐。龛楣正上方也有人物雕像，高发髻，双膝跪姿。龛楣左侧，有2人躬身相向，人物中间的雕刻剥蚀，一人高发髻，右臂弯曲，左臂直伸敬献物品状；另一人两腿分开，跪于某物上，高发髻，双臂弯曲上举，似托物敬献。此二人物上方还有人物花卉雕刻，一人存头部，高发髻，其余模糊不清。

第二龛龛楣右侧雕1人，跪坐状，躬身俯首，双臂前伸，双手抚物，可能是在弹琴。此人物右侧雕一花蕾，头上方雕一盛开莲花。龛楣上方又存2人，一人屈体站立，高发髻，左手臂下伸，右臂弯曲手置左肩前，两侧各有一朵半开大莲花；一人躬身屈体，扭腰突腚，双臂伸展，整体作舞状，姿态优美，两侧雕莲花莲蕾。

四、北壁

洞窟北壁高6.1米，宽6.5米，45平方米多。自上部内侧斜向下部的中间之外的壁面崩塌毁坏。从遗迹观察，壁面布局形式与正壁类似，亦是将壁面分层分幅，下层开凿大龛，上层分幅布置大型佛教故事浮雕，因壁面宽达6.5米，规模更大。

下层壁面高2.64米，下部积土淹没0.64米，在现砖铺地面之上10厘米的高度，现存两龛，龛东是砖砌墙体，从迹象观察应该是东西并列开凿4个大龛，龛楣尖接上部浮雕。与正壁类似，龛基距洞窟原地面高度，也是大约0.75米。 现存各壁下部大龛龛基大致在一水平线上，只是中心柱龛基高些。龛下壁面出台，台宽约5厘米，自原地面高0.5米。 四大龛自西向东一、二、三、四龛，只有西侧的一、二龛雕刻尚存轮廓，三四龛已崩毁无遗。一、二龛均为尖拱形，高 135 厘米，宽 110 厘米，深 45 厘米，雕一佛二菩萨三尊像，可辨识主尊均为跏趺坐佛。

上层壁面高约 3.5 米，东侧大部坍塌，西侧靠洞室角处保存部分雕刻，现存画面宽 1.9 米，上方、下方多有剥蚀，以东壁面雕刻剥蚀殆尽。画面为浅浮雕佛传故事“出城娱乐”和礼佛图。位置、体量突出的是一座高耸曲折的城墙，城墙用直线和折线刻画，城墙上刻 3 座城门楼。侧面城门为六角形，城门紧闭，上为仿木构单檐四阿顶建筑，面阔 3 间，进深 1 间，翼角和正脊稍有起翘，脊两端的鸱尾体量巨大，屋檐远伸，下有立柱，正面立柱间有栏额，栏额上做“人”字拱，“人”字拱斜直无曲脚，房坡有瓦垄。正面近城垣交接处有仿木构重檐角楼建筑，也为四阿顶。重檐楼阁有一斗三升斗拱和平座，四角立柱高大，显得气势恢弘。楼阁右侧远处还有更高大的城门楼，应该是所刻正门，城门也是六角形，门扉高大宽阔，惜已多风化剥蚀。城垣具有明显收分，交接处呈半“口”字形内凹，体现了军事防御的功能，刻画特别写实，真切地反映了当时城池建筑的风格特点。城池以内雕刻多剥蚀，中部尚有 4 层叠涩收分的方台，台上有 2 人戴冠，似坐于方榻。台后侧刻菩提树林，树下站立 6 人，身着褒衣博带服装。城垣侧门紧闭，门外有许多菩提树，现可辨者还有 5 棵。树丛间可辨识的有五六个男女人物。人物似分为两区群体。内侧的一区约有 10 人，中心人物坐姿，低头沉思状，应该是释迦太子，也可能是下部风化剥蚀的原因，现存形象较小。释迦两侧各有 2 人站立，身躯修长，着褒衣博带。左侧的二人着长衣，双手操于腹间；右侧二人戴高冠，肩披大衣，双手操于胸前，立于一棵距离城门近的菩提树下。释迦前面也有两人，其他两棵菩提树下还有许多人物，或躬身侍立，或坐于树下，皆面向释迦。外侧的一区现有 5 人侍立，作前后两排，看剥蚀后的壁面位置，应该也有 10 人左右，后有华盖，可能是礼佛人物。

该幅浮雕与洞窟南壁对应位置对称布置，只是上部、下部和外侧，均有大面积风化剥蚀。整个画面中，城垣、楼阁、树木、人物之比例适当，充分体现了绘画中的透视学原理。

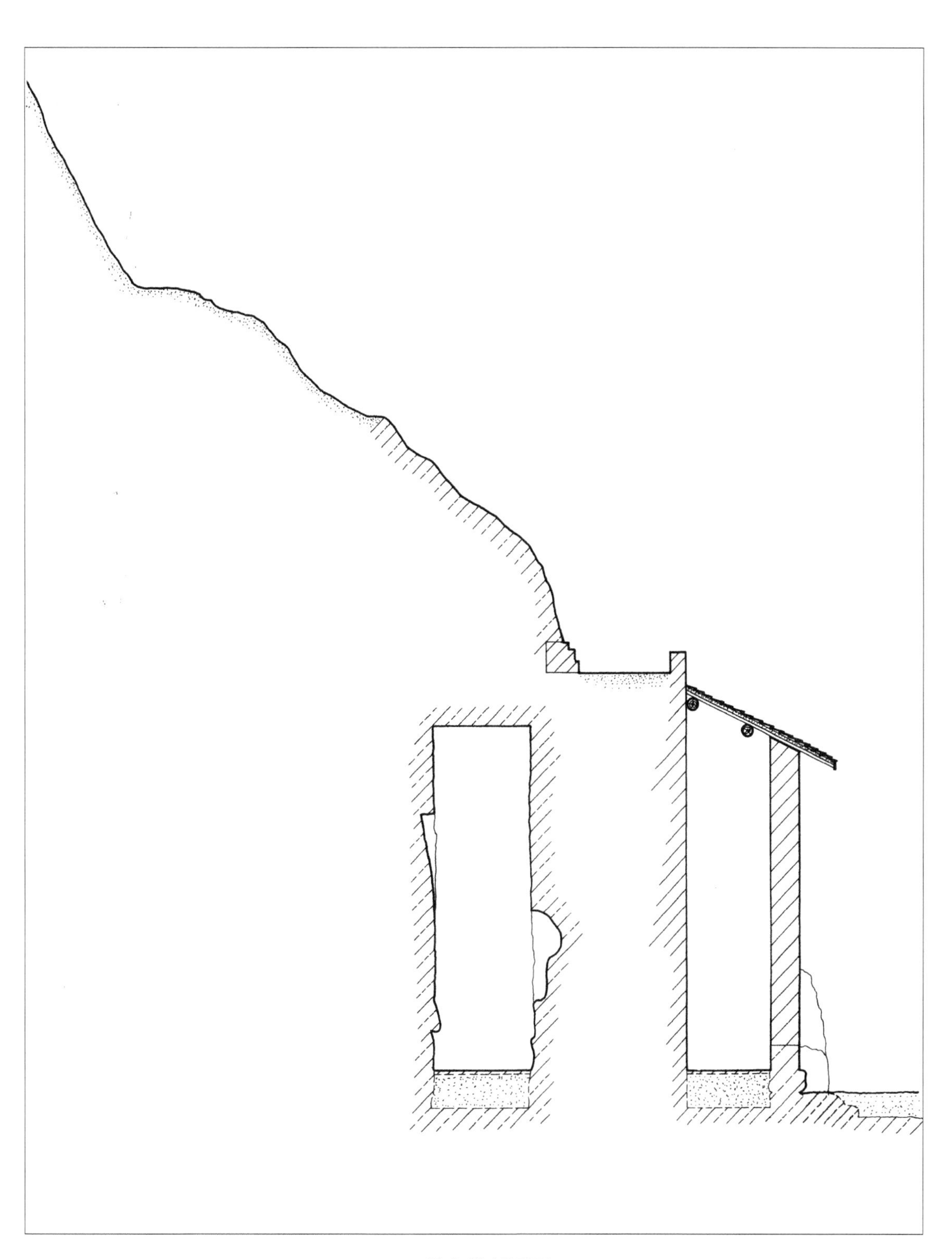

一号窟纵剖面图

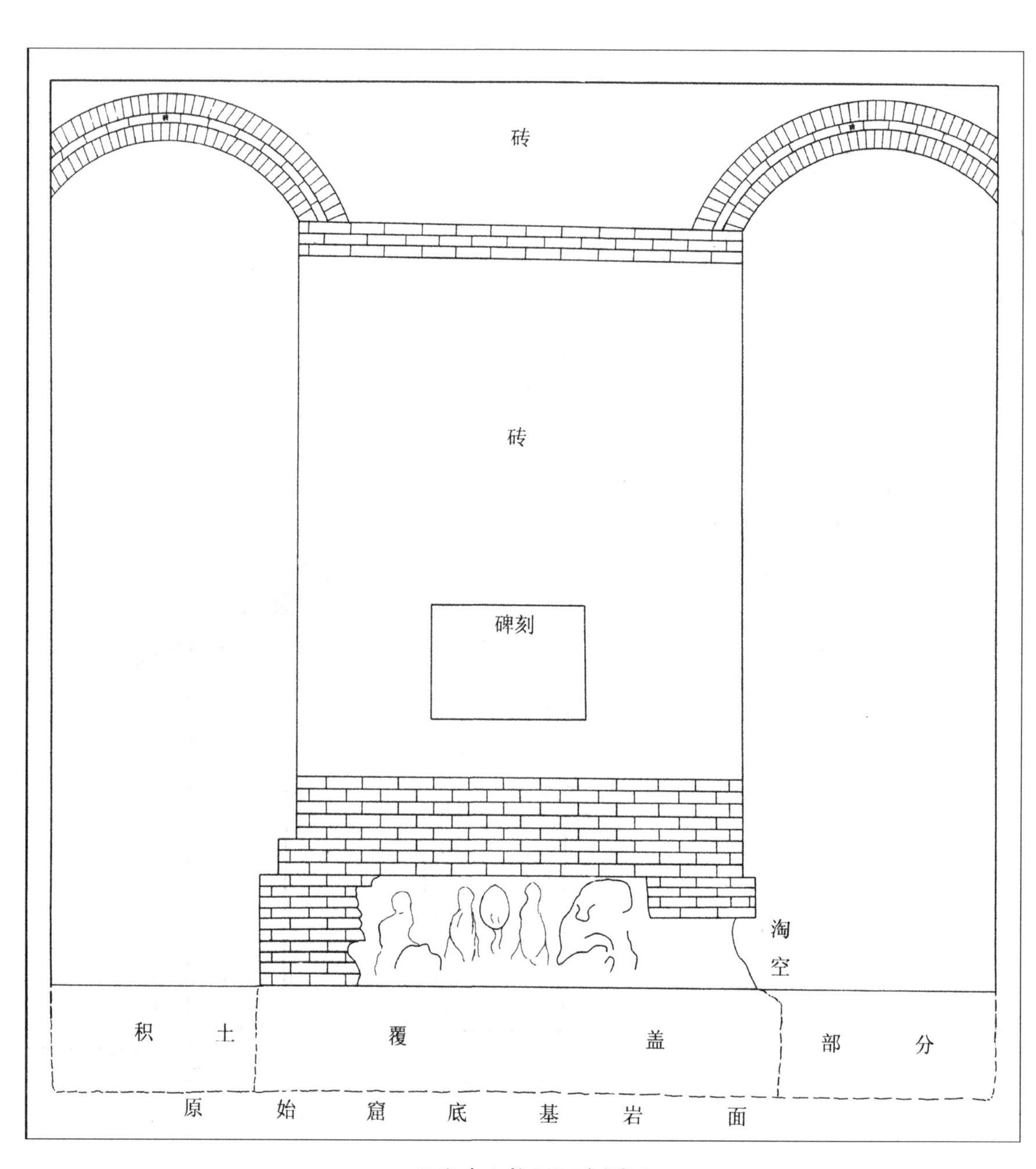

一号窟中心柱正面实测图

一号窟中心柱后面实测图

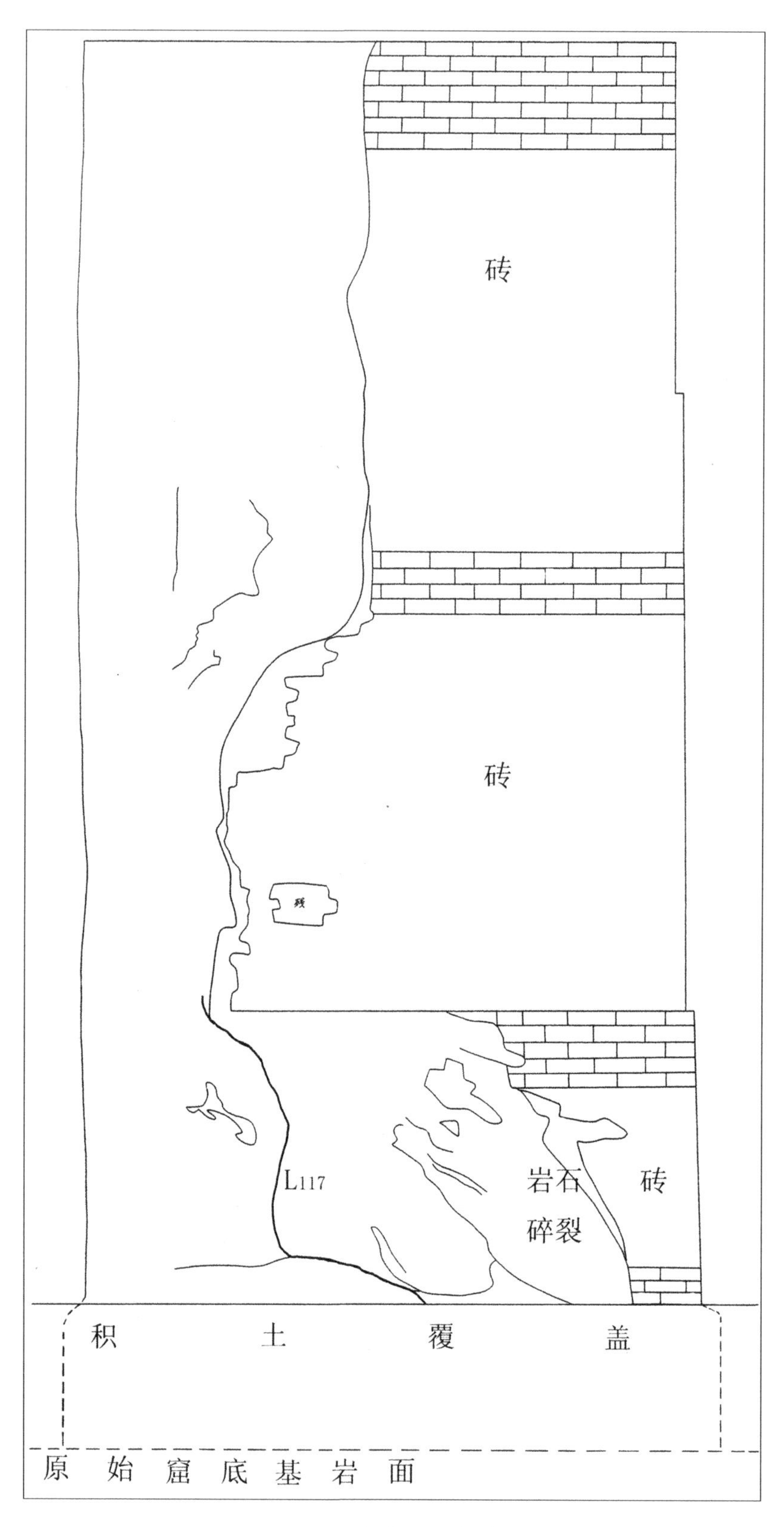

一号窟中心柱南面实测图

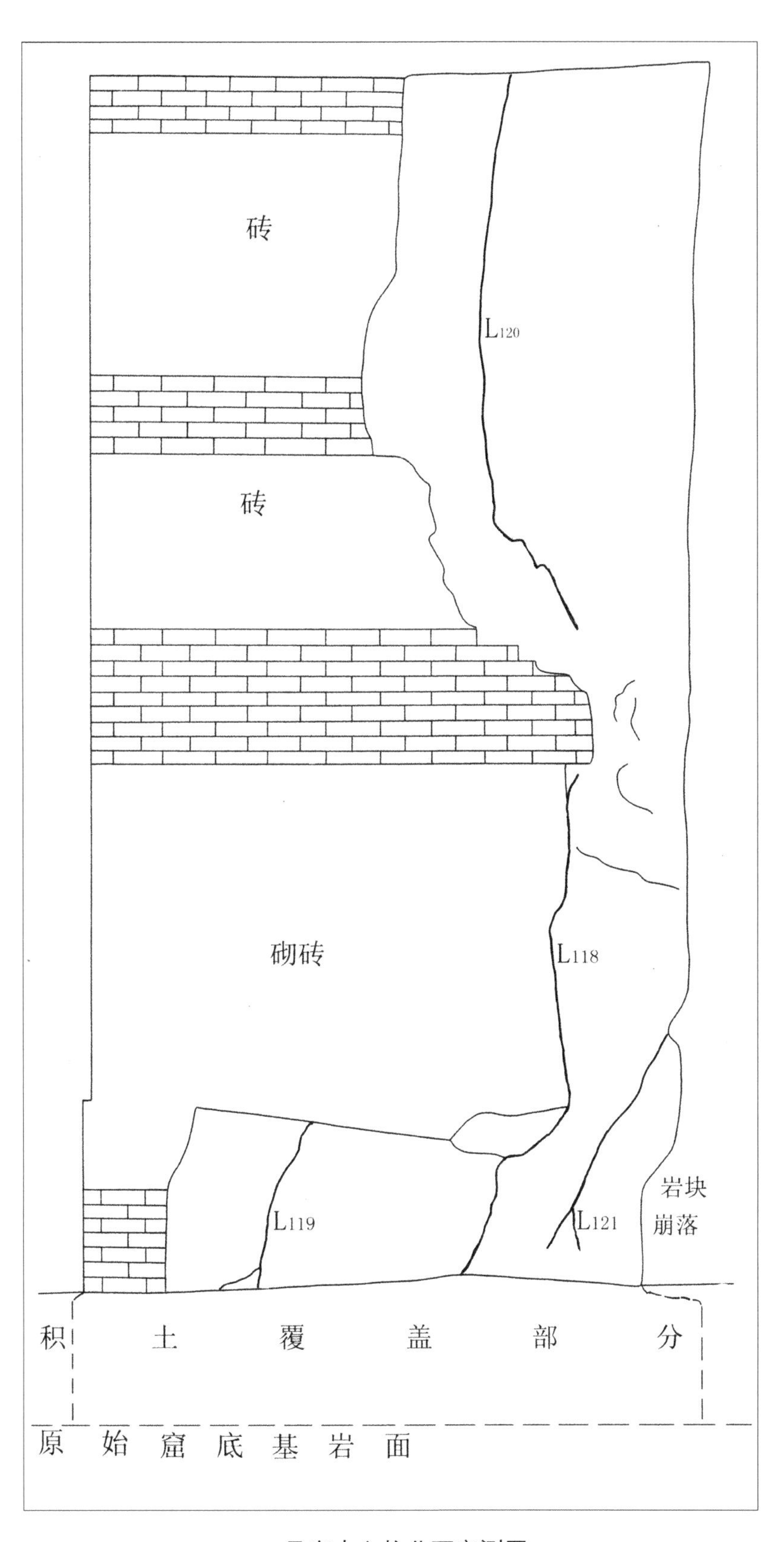

一号窟中心柱北面实测图

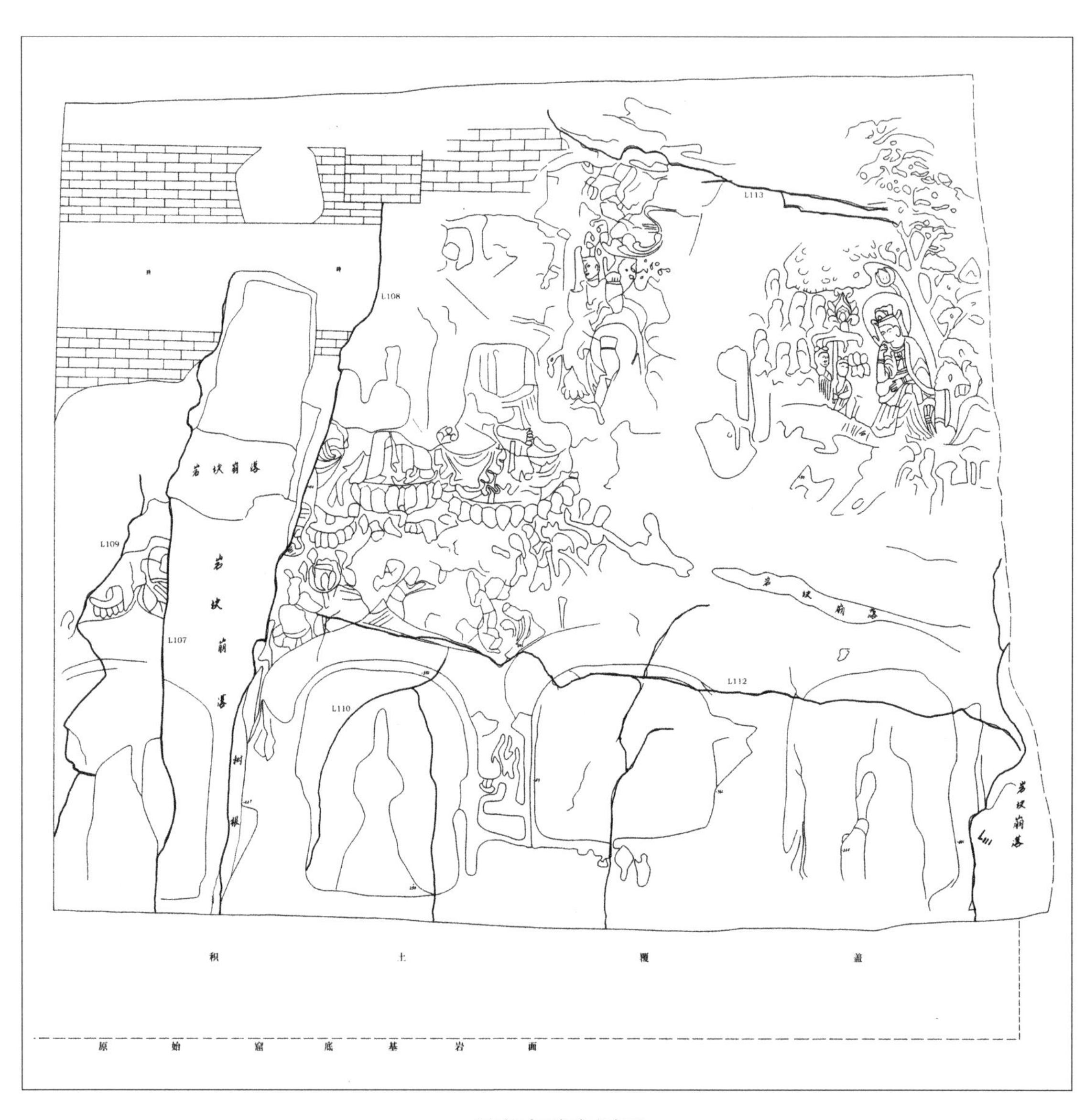
L113
L108
岩状崩落
L109
L107
岩状崩落
树根
岩状崩落
L110
L112
岩状崩落
L111
积 土 覆 盖
原 始 窟 底 基 岩 面

一号窟南壁实测图

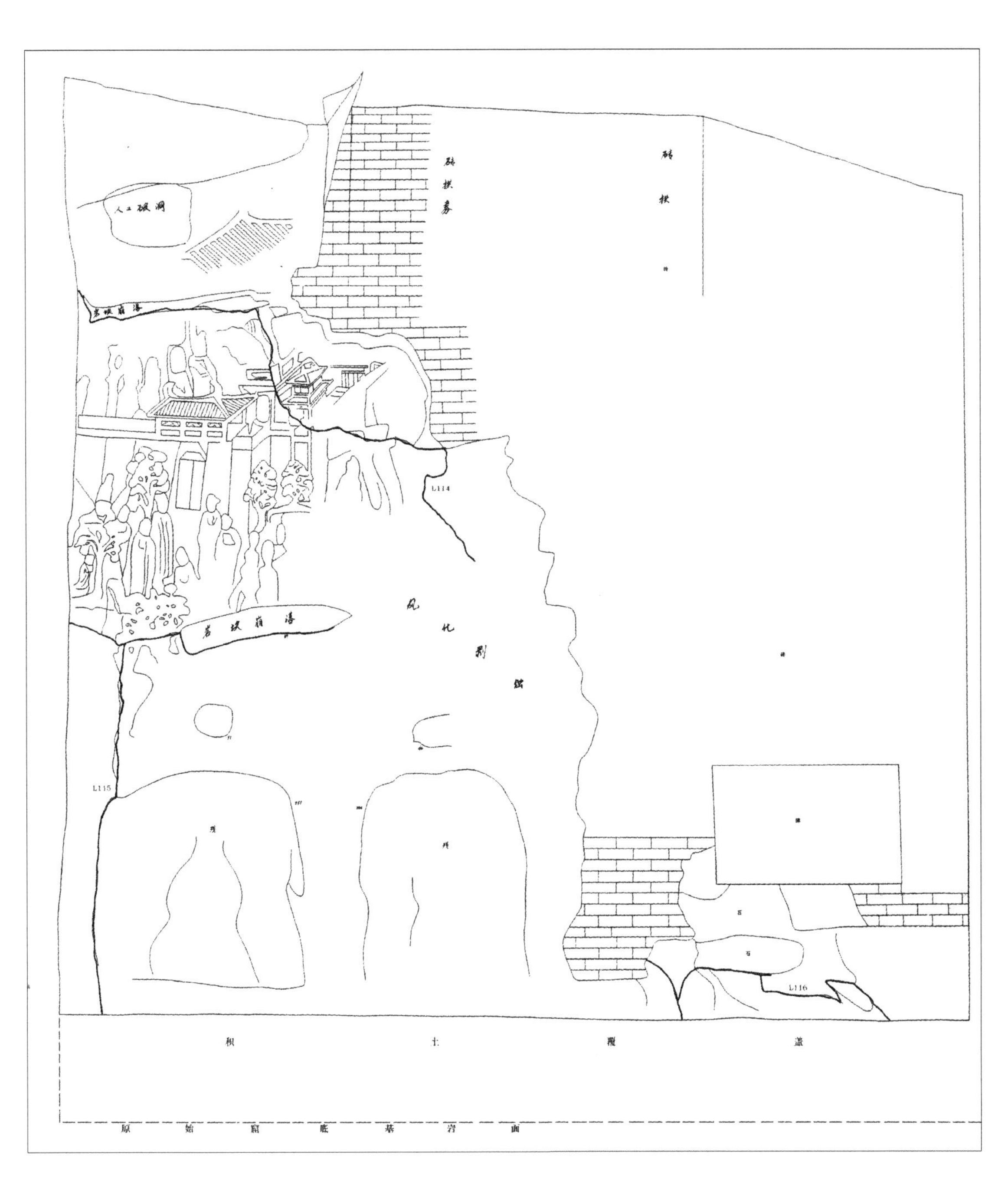

一号窟北壁实测图

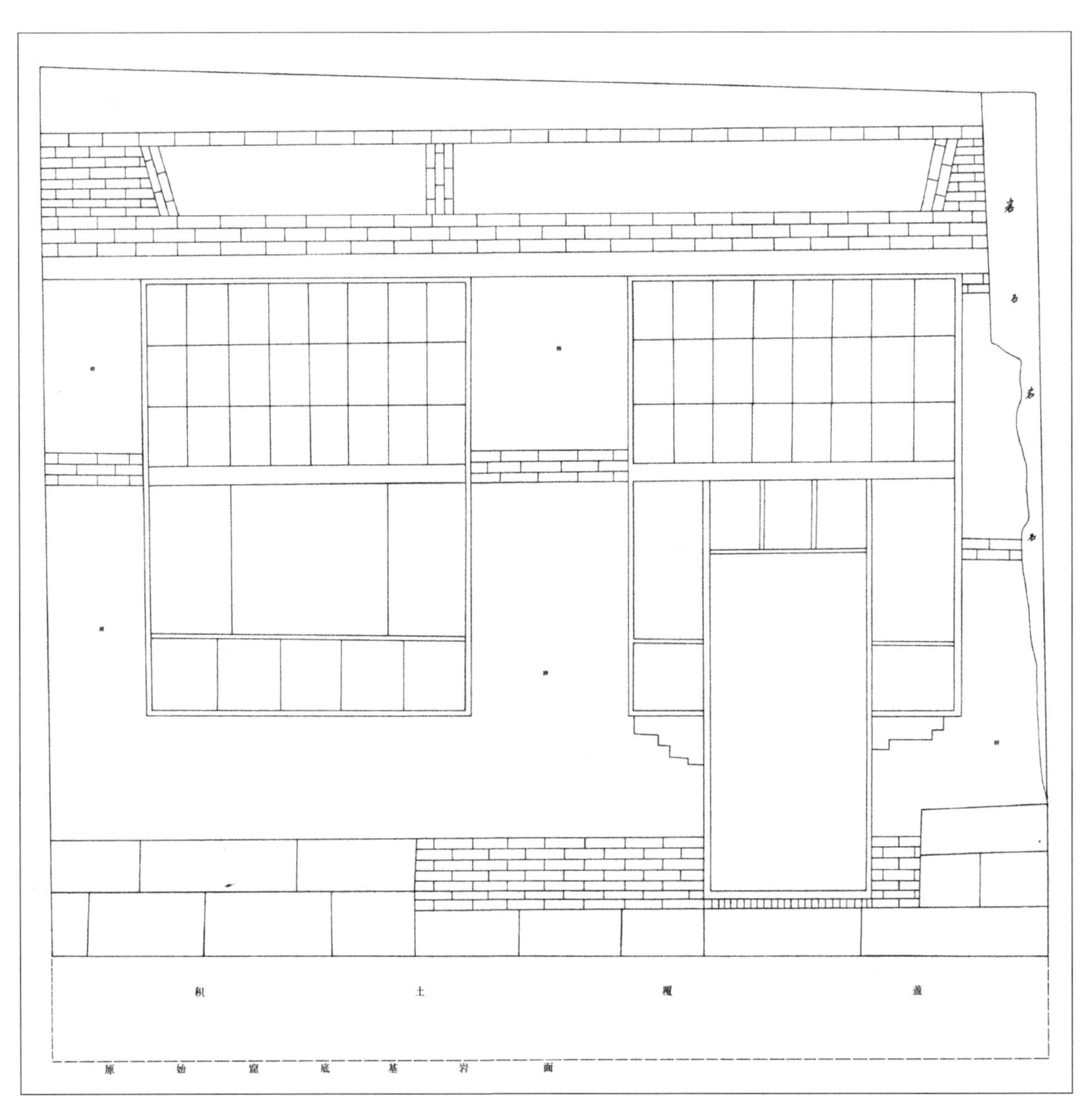

一号窟前墙实测图

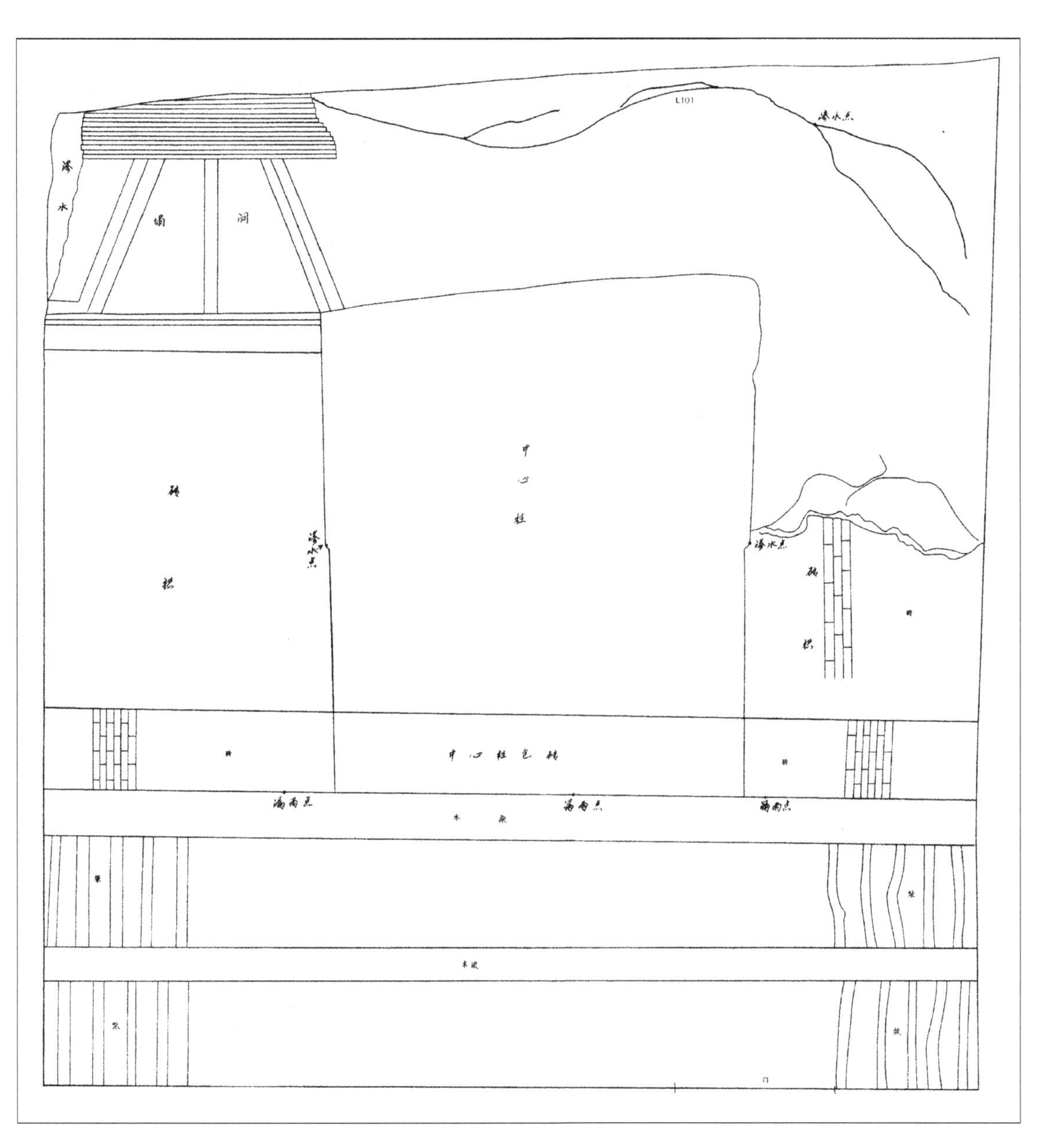

一号窟窟顶实测图

第二节　二号窟

窟型：穹隆顶（平面为方形）

开凿年代：魏至齐

佛龛特点：五尊式布局

平面呈方形，宽 3.0 米，深 3.1 米。四面坡状覆斗顶，窟高 3.70 米。 外壁开梯形门，门高 2.1 米，下宽 1.2 米，上宽 1.05 米。外壁经过崩塌剥蚀，现存窟门进深 0.80 米，从遗迹观察测量，窟门原进深约 1.6 米，门洞无雕饰。洞窟朝向 NE125° 。窟内正壁和两侧壁各开凿一大龛。

一、窟顶与地面

窟顶四面坡形，原大部崩塌，只有前坡下方存少量遗迹，1994 年整修时上方以水泥增加阴刻莲花藻井。前壁上方的一坡顶面，残存 4 层纹饰，上层雕莲花、莲蕾和圆形物，第二层是连珠纹，第三、第四层为鳞纹。其他顶面无雕饰，在修补的空隙上遗存的是凿窟时的毛面，道道凿石沟痕。可见，窟顶只完成前坡即辍工。

窟地面靠内侧低，靠外侧高，无雕饰。

二、西壁

西壁方形，高 2.7 米，宽 3.03 米。 壁面正中开凿一大龛，尖拱形，龛楣素面。龛高 180 厘米，宽 175 厘米，深 85 厘米。龛基距地面高 75 厘米。龛外两侧边沿各雕一龛柱，柱头雕覆莲，覆莲之上的尖拱端饰圆形涡纹，左柱残甚，右柱为平面，柱宽 15 厘米，中部原有刻字“悟山为主”，现无存。龛内造一铺五尊像，为一佛、二弟子、二菩萨，头皆无存。主尊居中，结跏趺于方座上，露右足，舟形身光，身光无雕饰。佛高 130 厘米，肩宽 50 厘米，头高 36 厘米，胸厚 25 厘米。座宽 90 厘米，高 38 厘米，深 70 厘米。左手置腹侧，右手上举，内着僧祇支，裙带下垂，外着褒衣博带袈裟，残存裙裾遮于座前。左弟子仅余轮廓，圆形头光。右弟子亦圆形头光，身披袈裟，双手合十，跣足立于圆台座上。左菩萨仅余轮廓，火焰宝珠形头光。右菩萨亦为火焰宝珠头光，左右臂屈肘置于腰侧，左手持物，右手残，帔帛搭于肩上，又向下交叉于腹部，跣足立于覆莲座上，长带绕肘外扬下至座，裙裾向脚两侧展开。龛柱外两侧各凿一浅龛，长方形，龛内各浮雕人像。左像仅余轮廓，圆形头光，侧身向佛。右像身高105厘米，高髻，圆形头光，披袒右袈裟，左手举胸前，右手下垂腹侧，跣足立于覆莲座上，侧身向佛。其后的外侧自覆莲座处生出两枝莲花，直达人像头外侧，一枝结莲蕾，一枝莲花盛开，人像面前也有一朵盛开的莲花。莲台下方和人像前面刻有卷草纹。龛下刻有两排供养人，上排5身，均手持长茎莲花，侧身向主龛，着宽袖长衣；下排现存2身，可能原为4人或5人，人物之间用条带区隔。佛龛左侧原有供养人1身，还雕刻几种不同的植物图案，现无存。

三、南壁

南壁宽3.1米，高2.78米。正中凿一大龛，尖拱形，龛楣素面，龛高185厘米，宽172厘米，深65厘米。龛基距地面高60厘米。龛两侧雕柱未完成，仅刻出，上部，柱面平，左柱宽11厘米，右柱宽14厘米，均雕出30余厘米高即停工，现遗存在毛石面上刻出的道沟，尚未及磨平。龛柱端雕双层覆莲，覆莲上刻涡状纹饰。龛内雕一铺五尊像，为一佛、二弟子、二菩萨，头部皆失。主尊结跏趺坐于方座，通高110厘米，肩宽50厘米，胸厚25厘米。座宽87厘米，高52厘米，深50厘米。舟形身光，无雕饰。圆形头光，头光内层刻一圆环，环外雕饰双层莲瓣。削肩，胸厚，双手重叠，手心向内，作禅定印。内着僧祇支，衣带于胸前打结下垂，外着垂领式袈裟，袈裟衣角搭于左肘下垂，衣裾垂至方座四分之三的高度。臂上衣纹呈弧形阶梯状，胸前衣纹垂直平行，均为平直刀法。座覆衣纹稠密，横向褶纹呈现双线的“羊肠”状，但未出现弧面，是刀锋斜下。两侧弟子，圆形头光，着宽袖袈裟，双手合十，跣足立于两层圆台上，上层圆台无雕饰，下层圆台雕莲花。左菩萨，火焰宝珠头光，左手残，右手举胸前，冠上宝缯向外平伸下垂，戴项圈，饰璎珞。肩上刻圆形饰物，上身斜披一物。帔帛搭于肩，又向下交叉于腹部穿璧。下着长裙，裙带垂于腿间，中部饰花结，跣足立于双层圆形莲座。长带绕肘外扬，垂至莲座之上。右菩萨左手举胸前，余同左菩萨。两胁侍菩萨身形修长，雕刻精细，姿态优美。龛外四周均为条形凿石沟痕。由龛柱留下的雕刻停工遗存观察，开凿石窟的工序依次是洞窟成型，凿出毛面，划线、雕刻，磨平成品。

四、北壁

北壁宽 3.1 米，高 2.78 米。正中开凿一大龛，尖拱形，龛楣素面无雕饰，龛高 185 厘米，宽 185 厘米，深 65 厘米。龛基距地面高 55 厘米。大龛坍塌剥蚀严重，原来龛内与第一窟有大洞相通，1994 年做过修补。从龛的尺度和遗迹观察，也是一铺五尊式造像。主尊居中，跏趺坐，座方形，内着僧祇支，外着褒衣博带袈裟，双手置足上，作禅定印，两侧弟子仅余残迹，二菩萨仅存残座。

五、东壁

东壁宽 3 米，高 2.70 米。窟门上方凿一小龛，尖拱形，高 50 厘米，宽 55 厘米，深未凿到底。龛基距地面高 2.25 米。龛内造一佛、二菩萨三尊像。佛结跏趺坐于方形台座，作禅定印，高髻，着褒衣博带袈裟。左菩萨头残，高髻，双手合十，立于莲座，通高 32 厘米，头高 11 厘米，下肢较短，整个身躯比例失调。该龛未凿成即辍工，佛左侧贴近佛像凿出上下的沟槽，右侧凿出坑窝，窝深正是龛应有的深度，右菩萨未完成。

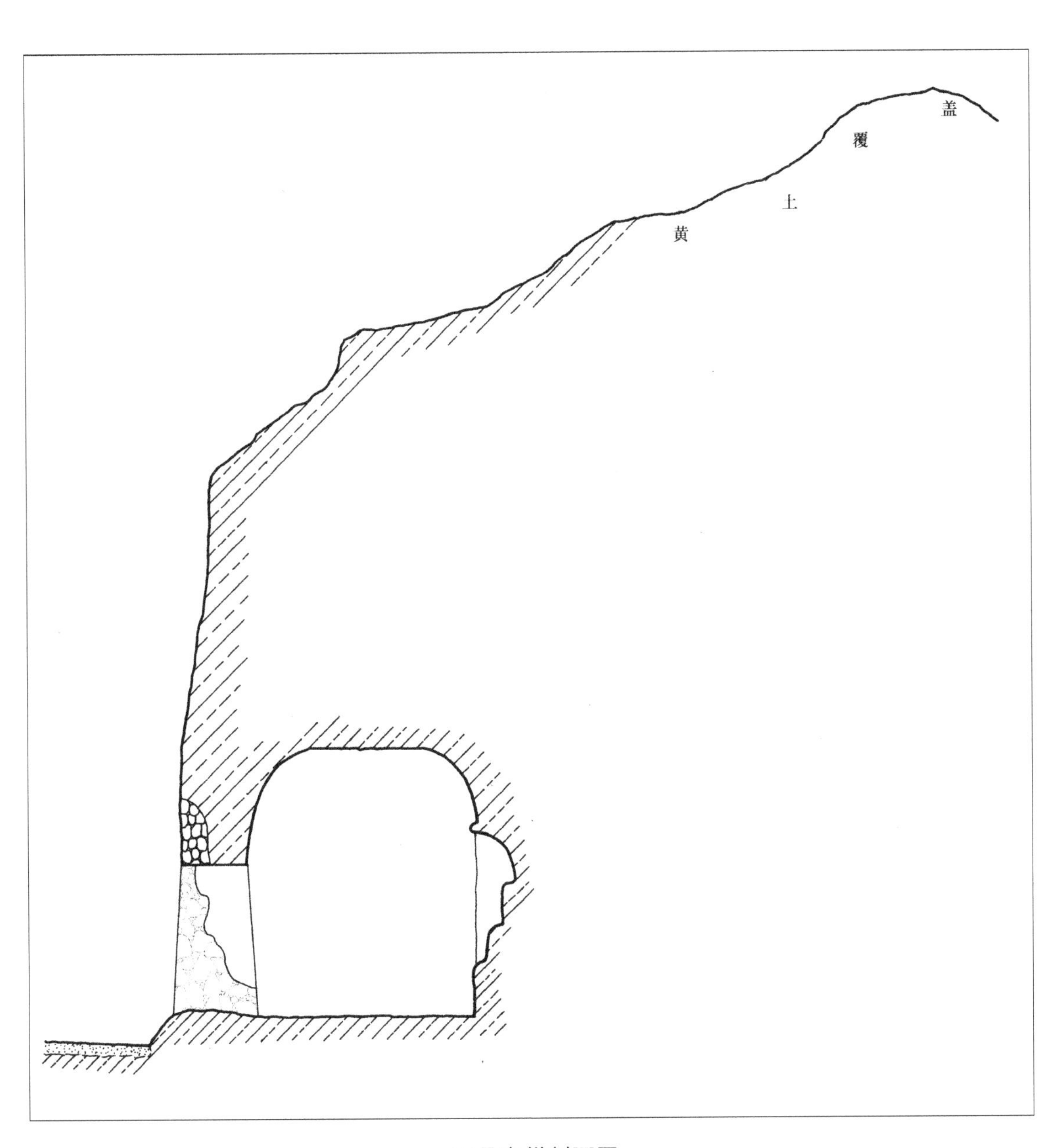

二号窟纵剖面图

二号窟正壁实测图

二号窟前壁实测图

二号窟南壁实测图

二号窟北壁实测图

二号窟窟顶实测图

第三节　三号窟

窟型：穹隆顶（平面为长方形）

开凿年代：北齐时期

佛龛特点：五尊式布局。

1937年，洞窟可能尚未坍塌，或前壁未完全坍塌，“入口微偏西南，洞顶亦残毁，佛像经后人涂饰，惟中央一佛像头部完整”①。1955年，“窟门用石块修筑，窟顶项已崩坏，只剩莲花花边”②。现洞窟于前部崩塌近半，1956年自窟顶塌落残存之边沿往下砌作砖墙，墙基置于窟内塌落堆积的碎石土上，封堵住两侧壁部分雕刻，砖墙上开一门两窗。整个洞窟壁面，从外表至4厘米深度的岩石呈红色，经实验确定，岩石的红色是黄色砂岩经过火烧所致，说明该洞窟在洞室内经历了大火焚烧。洞窟平面现作长方形，宽5.4米，深3.7米，若由前部坍塌遗迹量度，深为4.7米。经探查，现地面之下1.10米深处才是洞窟原始地面，结合壁面状况量度，洞窟原始平面亦呈长方形，宽4.80米，进深4.25米，四角为圆形。结合砖墙外坍塌状况以及现存三壁状况测量，洞窟底小上大，中部宽5.4米，深4.7米。窟顶现存状况很不规则，似为穹窿形，或像横券形。而南壁上方和西南角上方，有坡面和坡面拐角遗存。顶距现地面高3.90米，实际洞窟高度为5米整。洞窟朝向NE123°　。

一、西壁

西壁右侧上部有一高宽约1.5米的塌洞，后代用砖石补砌，砖石壁上残存主尊和胁侍像泥塑。塌洞已经年代很久，因不便揭开探查，又未及采用仪器探测，不详该洞是窟壁坍塌还是原始流水岩洞。

正壁下部南北长4.8米，造像现状特别不对称。主尊方座南沿距南壁1.1米，距离右侧菩萨0.3米，之间很难有右弟子的位置；北沿距北壁1.7米，距离左侧菩萨0.6米。现存一铺四尊像，为一佛、一弟子、二菩萨。应该原为一铺五尊像，右弟子已失。主尊体型高大，突出在洞室内，而弟子菩萨则相对较小。主尊原来外部泥塑，身形臃肿，

---

① 《河南、陕西两省古建筑调查笔记》，刘敦桢著，《刘敦桢文集》，中国建筑工业出版社，1987年9月版。

② 《渑池鸿庆寺石窟》，俞剑华著，《文物参考资料》，1956年第4期，内部资料。

后来泥坯自然脱落，露出石像原形。现通高 2.8 米，身高 2.1 米，肩宽 1 米，胸厚 0.26 米。方座宽 1.85 米，高 0.58 米，深 0.45 米。主尊现高 2.8 米，下方淹没 1.1 米的积土，座之下沿距离原洞窟底面 1.2 米。而洞窟顶高才有 3.9 米，佛头髻已经距洞顶仅有 1 米，往上再有残失的背光、头光，主尊于正壁占据了至窟顶的整个位置，特别高大，非常突出。主尊原残存，后世泥塑火焰纹头光，用红、黑色彩，现泥塑仅余星星点点，这说明原雕刻有头光、背光。经仔细辨识，佛左侧存有舟形身光遗迹，身光边沿至佛像中心线宽 1.45 米，即舟形身光宽达 2.9 米。佛高肉髻，宽肩，面相方圆，结跏趺坐于方座，露右足，双手残，从迹象观察是置于足上，作禅定印。外着褒衣博带袈裟，内着僧祇支，带结于胸前又下垂至腹，衣襟从右侧搭左肘上，下垂腿部，衣裾下摆覆至方台五分之四的高度。胸部衣纹垂直平行，下部衣纹呈平直阶梯状。

胁侍均为高浮雕造像。左侧弟子整体高约 172 厘米，身高 142 厘米，头高 25 厘米，肩宽 30 厘米。圆形头光，深目，面相方圆，西域人形象，似为迦叶，身披袈裟，双手合十于胸前，衣纹疏朗，肩臂部衣纹呈弧形阶梯状，中部衣纹斜向上集于腕部，下部衣纹垂直平行，显得疏朗粗狂，具有中亚游牧民族衣料质地厚重风格。左菩萨下肢残毁，通高 175 厘米，头高 43 厘米，肩宽 34 厘米。头部原来完整，前些年刚被盗毁。火焰宝珠头光，头光高 72 厘米，面相方圆。头戴三瓣莲花冠，冠侧宝缯向外平伸，颈戴圆项饰，项饰下部呈桃形。左臂弯曲下垂置腹侧，手持物，残；右臂弯曲斜举胸前，手残。内着僧祇支，胸腰有两圈束带，长带穿肘外扬。上身斜披一物，厚重。着帔帛，帔帛自肩垂下至腹交叉穿璧。左侧弟子、菩萨皆侧身面向主尊，两像所占壁面宽度为 110 厘米，还算比较从容。右侧弟子无存，自佛台座南沿至右菩萨的右侧，所占壁面仅宽 80 厘米，可见两像雕刻如此局促。右弟子所可能占有的最大宽度仅 30 厘米，雕像间再留间隙，很难想像右弟子像如何雕造。右菩萨裙裾至肩高 130 厘米，头毁，现头部及火焰宝珠头光为泥塑。左臂残毁，右臂原是屈肘下垂，手置腹侧，前些年毁坏，现肘之下无存。颈上有圆形项饰，项饰下部呈桃形。下着宽松长裙，裙带下垂至膝。从剥蚀迹象观察，裙裾向脚两侧展开。帔帛自肩垂下，至腹交叉穿分开置裙侧。衣纹疏朗，垂直平行，呈阶梯状。从遗存残迹观察，现存 3 胁侍像均有台座，遗迹高约 20 厘米。

正壁北端还雕有一菩萨，是属于北壁主尊的右胁侍像，与北壁主尊面视方向呈 90 度夹角。菩萨头失，腹以下残毁，身高 170 厘米，上身残高 90 厘米，下身脱落后留存痕迹高 80 厘米，头高 35 厘米，肩宽 45 厘米。火焰宝珠头光，头光高 90 厘米，宽 68 厘米。冠上宝缯平伸两侧。上袒露，下着裙。肩上刻圆形饰物。左臂弯曲，肘斜举于胸前，手五指并拢指尖向上，持莲花；右臂弯曲，手在腰侧反腕下垂。帔帛，长带穿肘又飘垂向下。

二、北壁

北壁下部宽 4.25 米，上部宽 4.7 米，也为五尊式造像，右胁侍菩萨雕于正壁，已如前述，左侧胁侍现被砖墙封堵。壁面雕刻也很不对称，主尊中线距离后壁 1.55 米，距离前壁 2.7 米。主尊特别高大突出，胁侍像相对较小。主尊头失，通高 2.85 米，身高 2.10 米，头高 0.65 米，肩宽 1.05 米，胸厚 0.5 米。方座高 0.7 米，宽 1.7 米，深 0.6 米。 座之下沿距离原洞窟地面 1.2 米。主尊圆形头光，头光内刻圆环，环外饰重层莲瓣，莲瓣外又套刻三圆环，结跏趺于方台。左手展掌垂伸五指，手心向前置于腹前侧，右手残，举于胸前。内着僧祇支，胸前结带下垂，外着褒衣博带袈裟，衣襟搭于左肘又下垂至方座，上部衣纹垂直平行，呈阶梯状。右弟子头部已失，下肢残，形体较高，残高 155 厘米，头高 28 厘米，肩宽 30 厘米，圆形头光，身披袈裟，内着僧祇支，双手合十，侧向主尊，下有台座遗迹。左弟子被洞窟前部支撑的砖墙封堵，头残，圆形头光，披袈裟，双手合十。左菩萨因洞窟前部崩塌已不存。

三、南壁

南壁下部宽 4.25 米。上部前端随前壁坍塌，残宽 3.3 米。正中开凿帷幕形大龛，所占壁面宽 1.4 米、高 2.4 米。下部是宽 120 厘米、高 120 厘米、深 40 厘米的正方形龛槽，龛基距原地面高 170 厘米。上部是在壁面作浮雕形式，直达窟顶。龛内造一铺三尊像，主尊为交脚弥勒菩萨，头残，通高 100 厘米，头戴宝冠，宝缯饰物下垂，桃形尖项饰下系圆坠，两肩有圆形饰物和锦带，腕戴钏，左臂屈肘前伸，右臂屈肘手举于胸前，长带穿左肘外扬，帔帛搭肩至腹前交叉穿璧，下着裙，交脚坐于低矮方座。方座高 14 厘米，宽 57 厘米，深 16 厘米。左胁侍菩萨头、下肢残，残高 92 厘米，身高 81 厘米，头高 22 厘米，肩宽 18 厘米。火焰宝珠头光，圆项饰，双手置于胸前，帔帛搭肩至腹部交叉穿璧。右菩萨双手置胸前，长带绕肘外扬，余同左胁侍。龛上部浮雕刻一横梁，横梁下饰鳞纹、锯齿纹，下系垂幔，垂幔系于龛槽上沿和两侧，垂至菩萨腰际。横梁上雕莲瓣，莲瓣间刻3身莲花化生童子，童子丫髻。上有2身相向飞天，飞天头戴花冠，帔巾于后呈菱形向上飘扬，长裙裹腿飘展于后，下饰云纹。飞天中间有博山炉和两朵天花。

帷幕大龛内侧凿一浅龛，龛宽88厘米，残高100厘米。龛内遗存一残佛像，头残，为侧身坐佛，面向帷幕大龛，着褒衣博带袈裟，左右臂屈肘前伸，手残，衣襟搭于左肘垂下。浅龛上方浮雕一菩提树，树下刻思维菩萨，菩萨头残，高发髻，火焰宝珠头光，桃形圆项饰，帔帛，上身前倾，左腿下垂，右腿弯曲置左膝上，左手抚右腿，右手支腮，坐于圆台。

帷幕龛外侧的壁面宽1.85米，应该还有一部分雕刻，壁面裸露风雨之中，现遗存雕刻极少。在现前壁砖墙外的上部，遗存浮雕菱形格，格内刻一人物，高发髻，肩搭飘带，怀抱三弦琵琶，左手持柄抚弦，右手拿拨子，面向壁面内侧。上方还有一坐姿人物残迹。有1955年记录称，外龛为楣拱龛，大部已坏，只剩拱额，上有浮雕维摩变及飞天，极为精美[①]。

可见，南壁是在壁面中部，自内向外并列开凿3龛。

四、小龛

西壁、南壁和正壁与南北壁转角处，雕凿许多小龛，前些年有27个，现存21个，有尖拱形、圆拱形、圭楣形、帷幔龛和凸字龛5种类型。

西壁凿10个，主尊南侧2个，主尊北侧8个。南侧的两龛分上下凿在右胁侍菩萨的身后。上龛尖拱形，高18厘米，宽10厘米，刻一跏趺坐佛，雕工粗糙；下龛亦为尖拱形，高30厘米，宽26厘米，雕一佛、二菩萨三尊像。主尊北侧的8个龛，为记述方便，将其自上而下编号。第一、二、三龛位于左胁侍菩萨上方。第一龛在上，第二、三龛并列。第一龛尖拱形，高20厘米，宽13厘米，造一佛、二菩萨三尊像，主佛结跏趺坐，作禅定印。第二龛尖拱形，高36厘米，宽26厘米，雕一菩萨立像。菩萨头残，火焰宝珠头光，戴宝冠，宝缯饰物下垂，桃形尖项饰下系圆坠，左臂屈肘前伸，右臂屈肘手举于胸前，帔帛搭肩至腹前交叉穿壁，长带穿左右肘外扬，下着裙，赤足站立。第三龛为盝顶帷幕龛，龛高55厘米，宽55厘米，龛上方有鳞纹、锯齿纹残迹。龛内造一佛、二菩萨三尊像，主尊居中，头残，圆形头光，跏趺于方形莲花台

① 《渑池鸿庆寺石窟》，俞剑华著，《文物参考资料》，1956年第4期，内部资料。

座，露右足，左手展掌置腹前，右手举于胸，着褒衣博带袈裟，衣裾覆于座前。座两侧各雕一卧狮，二菩萨双手合十立于长茎莲花上。

第四至七龛凿于左胁侍菩萨外侧，上下排列。第四龛残，尖拱形，高 16 厘米，宽 14 厘米，造一坐佛像。第五龛圆拱形，龛高 32 厘米，宽 29 厘米，龛内造一佛、二菩萨三尊像。佛跏趺坐，菩萨均为一手置胸前，一手持物垂于腹侧。龛两侧上方，各存两人物像，面向龛内佛像。第六、七龛分别为高 16 厘米、宽 14 厘米和高 22 厘米、宽 22 厘米，均为尖拱形，造一佛、二菩萨三尊像。第八龛凿于左胁侍弟子与菩萨之间，尖拱形，高 12 厘米，宽 11 厘米，龛内刻一坐佛。

北壁在右胁侍弟子上方和背后上下排列凿 4 个小龛，自上而下编号。第一龛尖拱形，高 28 厘米，宽 26 厘米，造一佛、二菩萨三尊像。主尊居中，头残，左手前伸，右手举胸前，跏趺于方形台座，露右足，座下饰覆莲；外着褒衣博带袈裟，内著僧祇支，衣襟搭于左肘，衣裾呈密褶垂于座下。两侧菩萨着长裙，长带绕肘外扬，双手合十立于圆台，露足，台下饰覆莲。第二龛尖拱形，高 40 厘米，宽 35 厘米，龛两侧的拱端之下饰覆莲，龛内造一佛、二菩萨三尊像。主尊居中，头残，左手展掌垂伸五指，手心向前置于腹前，右手残，举于胸前，跏趺于方形台座，露右足，座下饰覆莲；外着褒衣博带袈裟，内着僧祇支，衣裾呈密褶垂于座下。两侧菩萨着长裙，长带绕肘飘扬至龛外，双手合十立于低矮圆台，不露足，台下饰覆莲。第三、四龛分别高 14 厘米、宽 12 厘米和高 21 厘米、宽 16 厘米，均为尖拱形，雕 1 坐佛。

南壁有 1 个小龛，凿于思维菩萨前，盈拱形，高、宽皆为 30 厘米，造一佛、二菩萨三尊像。主尊为跏趺坐佛；两菩萨凿于主尊两侧的长方形浅龛内，着长裙，双手合十。上方刻梯形格，梯形格内凿 6 个尖拱形小龛，龛内各雕 1 坐佛，模糊不清。

南壁与正壁的转角处有 6 个小龛，上方 1 个，凿于南壁思维菩萨身后；下方 5 个，凿于南壁侧身坐佛身后，自上而下编号。第一龛，靠正壁的一侧残毁，尖拱形，高、宽均为 30 厘米，雕一佛、二菩萨三尊像，主佛居中，跏趺坐，菩萨双手合十。

第二至六龛均雕一坐佛，作禅定印，有的座下饰覆莲，上下两排，上排 2 个，下排 3 个。第二龛尖拱形，龛高 22 厘米，宽 20 厘米，佛胸部阴刻“太平”2 字。第三龛圆拱形，高 18 厘米，宽 15 厘米。第四龛尖拱形，高 15 厘米，宽 12 厘米。第五龛圆拱形，高 16 厘米，宽 13 厘米。第六龛尖拱形，高 15 厘米，宽 11 厘米。下方可能还有近些年毁坏的小龛。

五、窟顶

窟顶大部分塌落，在南壁帷幕大龛的上方，显出覆斗顶的南坡形制，遗存有纹饰，上为两层鳞纹，下是锯齿纹和系珠。在纹饰之下，窟顶南坡与南壁交接处刻垂幔。在窟顶南坡与西坡的交接处，亦遗存鳞纹、锯齿纹和系珠，下方与壁面交接处刻垂幔。

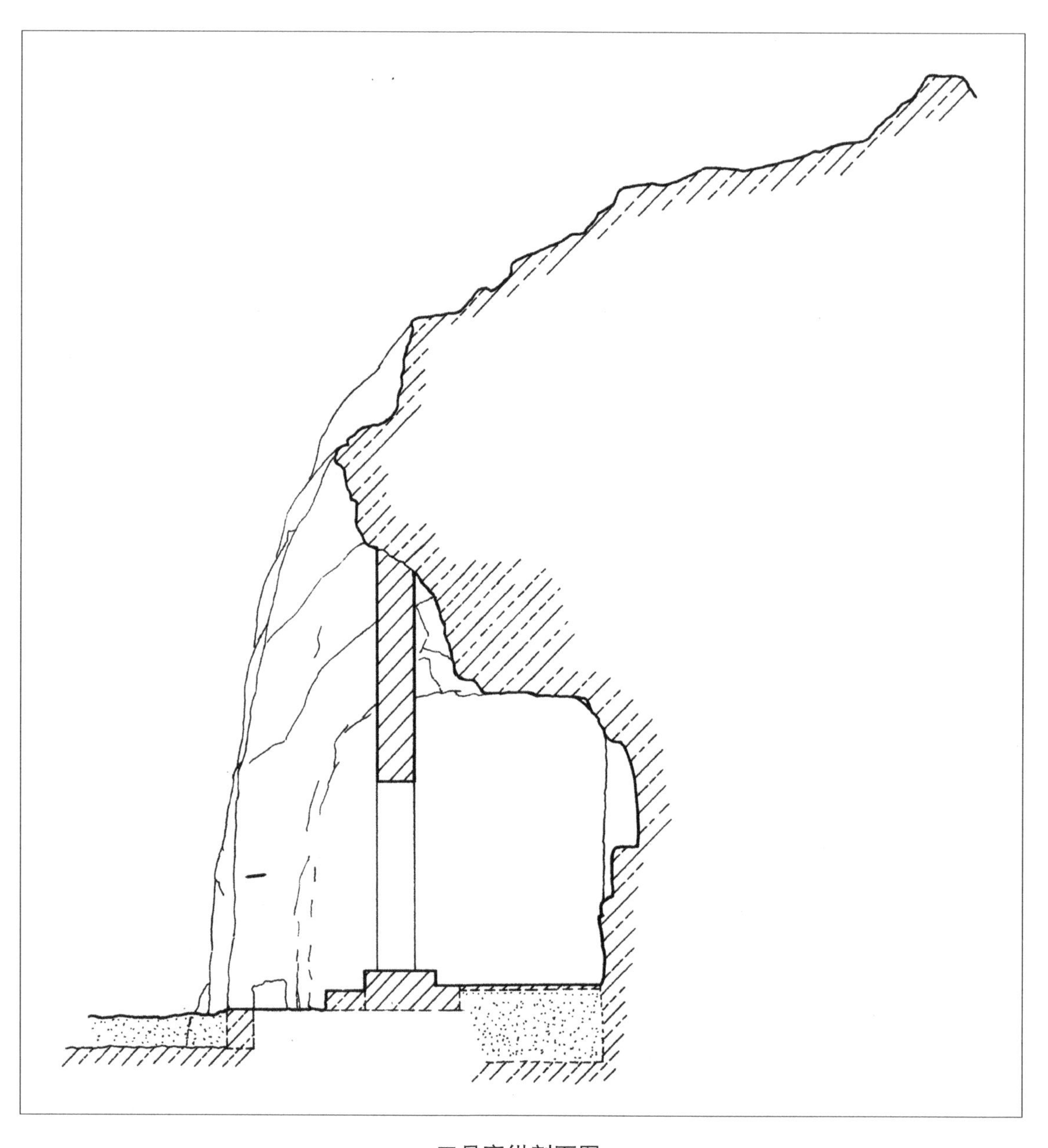

三号窟纵剖面图

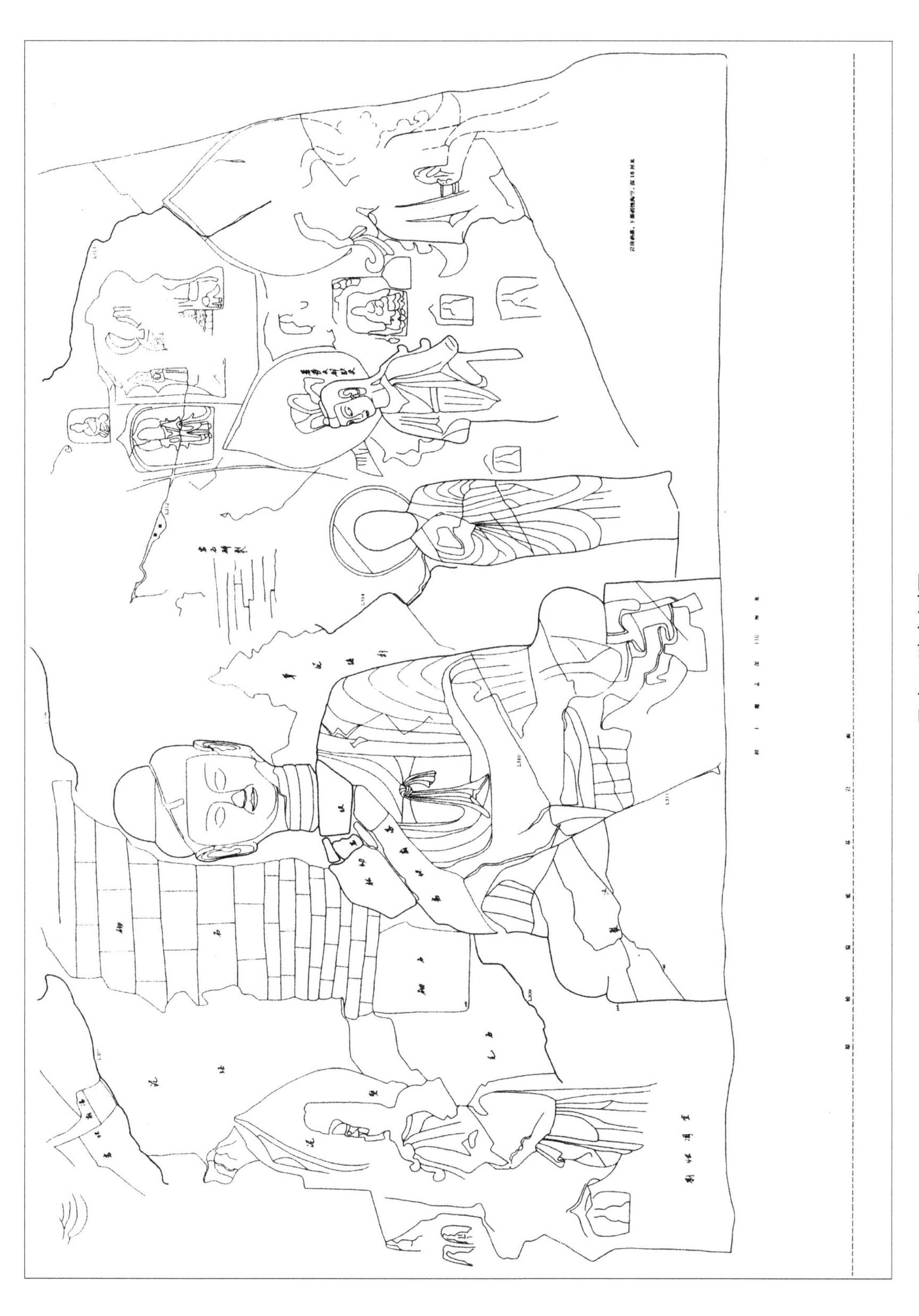

三号窟正壁实测图

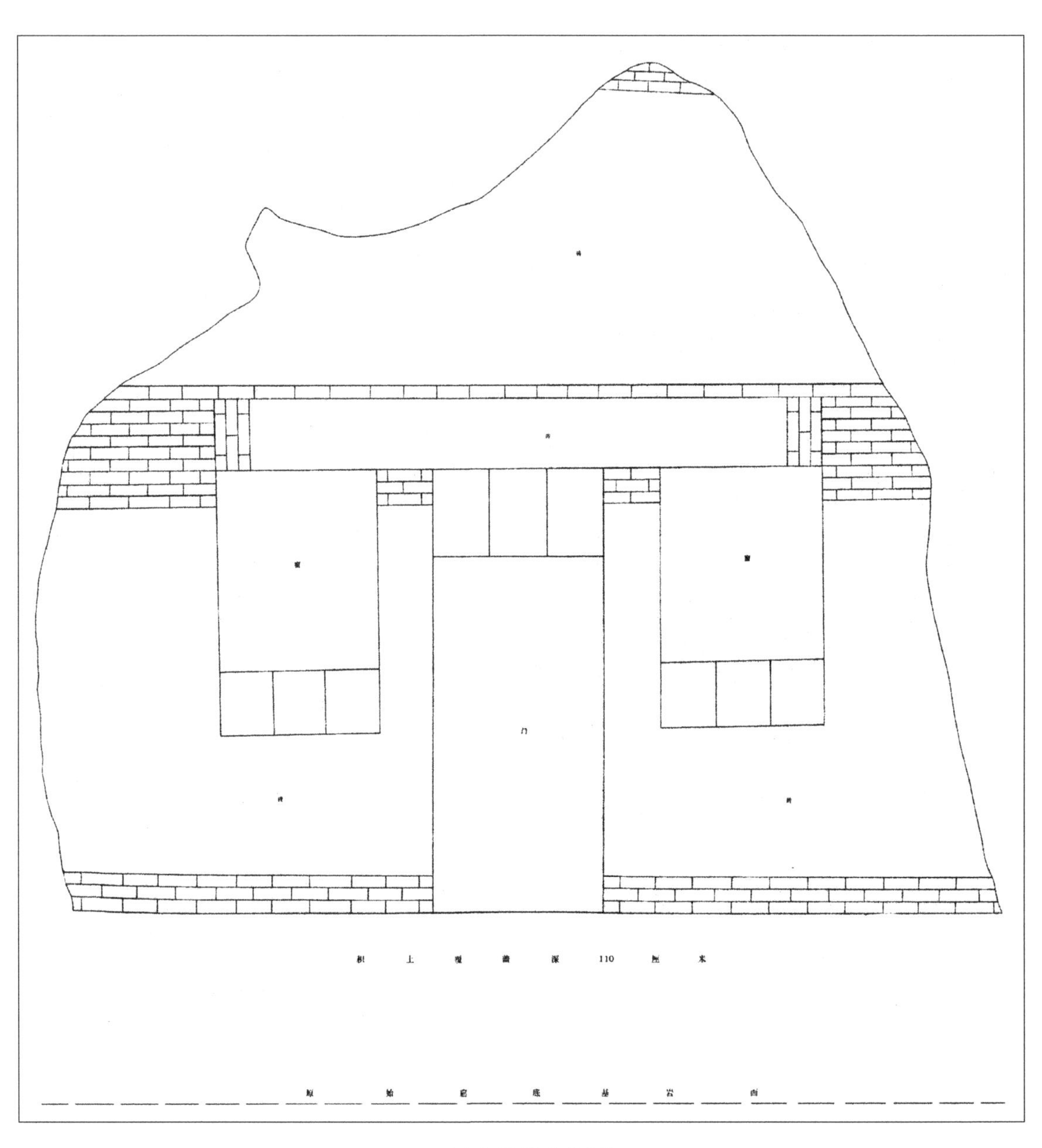

三号窟前壁实测图

L301
L318
L302
岩块崩落
L315
L303
草泥填补
岩块崩落
L316
L317
残
积土淹没深110厘米
原始窟底基岩面

三号窟南壁实测图

L322
L319
L303
L302
L301
L320
L321
此外墚面为砖墙封堵
壁面为积土覆盖深110厘米

三号窟北壁实测图

三号窟窟顶实测图

第四节　四号窟

窟型：微呈穹隆式（平面近于方形）

开凿年代：唐

佛龛特点：三尊式布局

洞窟底小上大。底平面正方形，宽1.90米，进深1.90米；中部宽2.0米，深2.1米。四面坡状覆斗顶，顶高2.60米。壁高2.35米，各壁呈上大下小的梯形。正壁、南壁、北壁各开凿一大龛，前壁开一梯形门，门高1.45米，宽0.70米，厚1.15米，凿出门槛，门槛高0.15米，宽0.40米，窟门和外壁无雕饰。洞窟朝向NE135度。

一、窟顶

窟顶画面全为浮雕，作仿木构建筑屋顶之藻井。正中雕一相对洞窟规模很大的重瓣莲花，中心为一圆，圆外雕双重莲花瓣，隔一圆又雕更大的重层莲瓣，外再套刻圆环，莲花直径达70厘米。莲花之外相对洞窟4个壁面各平行刻边桁组成四方框，方框以斜向洞窟四角的“斜梁”分为4个部分。每部分雕两身飞天，原有8身，前坡两身随坡面剥蚀脱落，现存6身。飞天高发髻，细腰，颈戴桃形圆项饰，袒上身，下着长裙，不露足；皆一手上扬托果品、鲜花，一手斜举胸前；帔巾绕肩自腋下在身后呈菱形斜向上飘扬。衣裙极长，自小腿翻转绕足，如鸟翼飞舞，周饰流云。窟顶北侧两飞天相向飞舞，一手拱托一物，一手持其他物品，一腿后伸，一腿屈叠。南侧两飞天向外同方向飞舞，内侧的一身，右手上扬持带花宝瓶，外侧的一身残。西侧两飞天相向飞舞，而面视朝南同一方向，双腿皆向后伸展，手托供品，两飞天间刻一旋轮状物。四边桁内各雕莲瓣，边桁外饰两层鳞纹、宝珠，两层锯齿纹和宝珠，下系帷幔。

二、西壁

西壁正中凿一大龛，龛高180厘米，宽160厘米，深25厘米，造一佛、二弟子、二菩萨五尊像。主尊头失，残高105厘米，肩宽40厘米，胸厚18厘米，胸较平，头高33厘米，左手置腹前，右手举于胸，跏趺坐于方台。座宽85厘米，高36厘米，深22厘米。内着僧祇支，外着褒衣博带袈裟，衣襟搭于左肘。圆形头光，头光内层刻一圆环，环外雕双层莲瓣，莲瓣外套刻圆环，环外饰波状忍冬纹，忍冬纹外又套刻圆环。火焰舟形背光直抵窟顶上接帷幔。四胁侍像大部风化剥蚀，均侧身向佛。佛座上方两侧各高浮雕一弟子，身躯相对矮小，计头光整体仅高约55厘米，头残，下肢毁，圆形头光，身披袈裟，双手合十。佛座下部两侧各雕一菩萨，菩萨整体高120厘米，亦剥蚀严重，仅余轮廓，均为火焰宝珠头光，肩上有圆形饰物和锦带。左菩萨右臂屈肘手举于胸，左臂屈肘手置腹侧。右菩萨左臂屈肘手举于胸，右臂弯曲手置腹侧。龛外左侧上部，浮雕4罗汉和3身供养人，皆身躯前倾向佛，相互遮挡仅露出上身。4罗汉在前排，无头光，宽袖交领袈裟，双手合十；后排3身供养人亦身躯前倾向佛，高冠，穿交领长衣，拱手站立。龛外右侧上部，浮雕3罗汉4供养人，皆侧身向佛。前排3罗汉亦披宽袖交领袈裟，双手合十；后排4供养人，高发髻，穿交领长衣，拱手站立。供养人皆面相方圆，高鼻梁，小嘴，垂耳。龛外右侧下部还有一人物遗迹，可能亦是一供养人像。龛下方壁面风化剥蚀殆尽。

三、南壁

南壁正中开凿一尖拱形大龛，龛高110厘米，宽105厘米，深25厘米。龛左侧边沿雕龛柱，龛柱中部束腰，柱头饰覆莲，覆莲上雕一带茎莲花，莲花上雕小坐佛。龛内造一佛、二菩萨三尊像。主尊高髻，面相方圆，通高约85厘米，肩宽37厘米，头高30厘米。内着僧祇支，外着褒衣博带袈裟，两手作禅定印，下部残，从座的遗迹和空间位置看，可能是跏趺坐于方座。左菩萨严重风化，可见高宝冠，帔帛，双手合十，长带绕肘外扬；右菩萨无可记述。龛楣雕7佛，高12厘米~15厘米，均为火焰舟形身光，跏趺坐，双手作禅定印。边侧的两佛坐于下方的莲花上，舟形身光随龛楣弧线向内侧扭曲。龛上方两侧帷幔下雕一对离龛而舞的回首飞天，右侧飞天残，左侧飞天完整。飞天呈“V”字形，姿态优美，高发髻，桃形尖项饰，袒上身，下着长裙，不露足。左手持莲蕾置胸前，右手上举托物。帔巾自腋下绕出，在身前呈菱形斜向上飘扬。衣裙极长，自小腿翻转绕足，如鸟翼飞舞，下方饰流云。两飞天内侧各刻一天花，天花随流云飘扬。

龛内侧雕一菩提树，树下刻一思维菩萨，风化剥蚀严重，可见高冠，左手抚右膝，右手支腮，坐姿，下部残。龛外侧雕刻剥蚀殆尽。

四、北壁

北壁严重剥蚀，所存遗迹很少。壁面正中凿一大龛，龛高 95 厘米，宽 95 厘米，深 18 厘米，龛基距地面高 86 厘米。遗存佛座，据早期调查，有舟形身光和三重头光遗迹，头光内雕莲花，中饰忍冬，外刻火焰纹。1994 年整修时对主尊上身进行添加，并修整了龛内壁。现存居多新作，几无遗迹。壁面上部中央残存梯形格浮雕图案，格中靠内侧存两个尖拱形小龛，龛高 17 厘米，宽 12 厘米，龛内各雕跏趺坐佛像。梯形格上方正中雕一博山炉，博山炉外侧刻一供养人，内侧刻两供养人，均为跪姿。应是两侧对称各有两供养人。梯形格内侧雕一身飞天，飞天左手捧物于胸前，右手上扬持花朵，帔巾自腋下绕出，在身前呈菱形斜向上飘扬。衣裙极长，自小腿翻转绕足，如鸟翼飞舞。飞天下方为 1994 年新作的流云、莲花和草纹，可能原有遗迹。

从遗迹观察，壁面可能原为一盘拱大龛。上部梯形格内可能还有 5 个尖拱小龛已剥蚀脱落，合起来是为七佛。上方的博山炉外侧，亦应有两身供养人。龛上方外侧对称还应有一身飞天，两飞天相向飞舞。由遗迹观察，盈拱龛内侧，似为一屋形浅龛，龛基距地面高也是 86 厘米，龛宽 48 厘米、高 50 厘米、深 10 厘米，上有房坡、瓦垄痕迹。龛内偏向里侧有一人物轮廓，坐姿。其他壁面均剥蚀殆尽。

五、东壁

前壁完全风化剥蚀，不可辨识，无可记述。

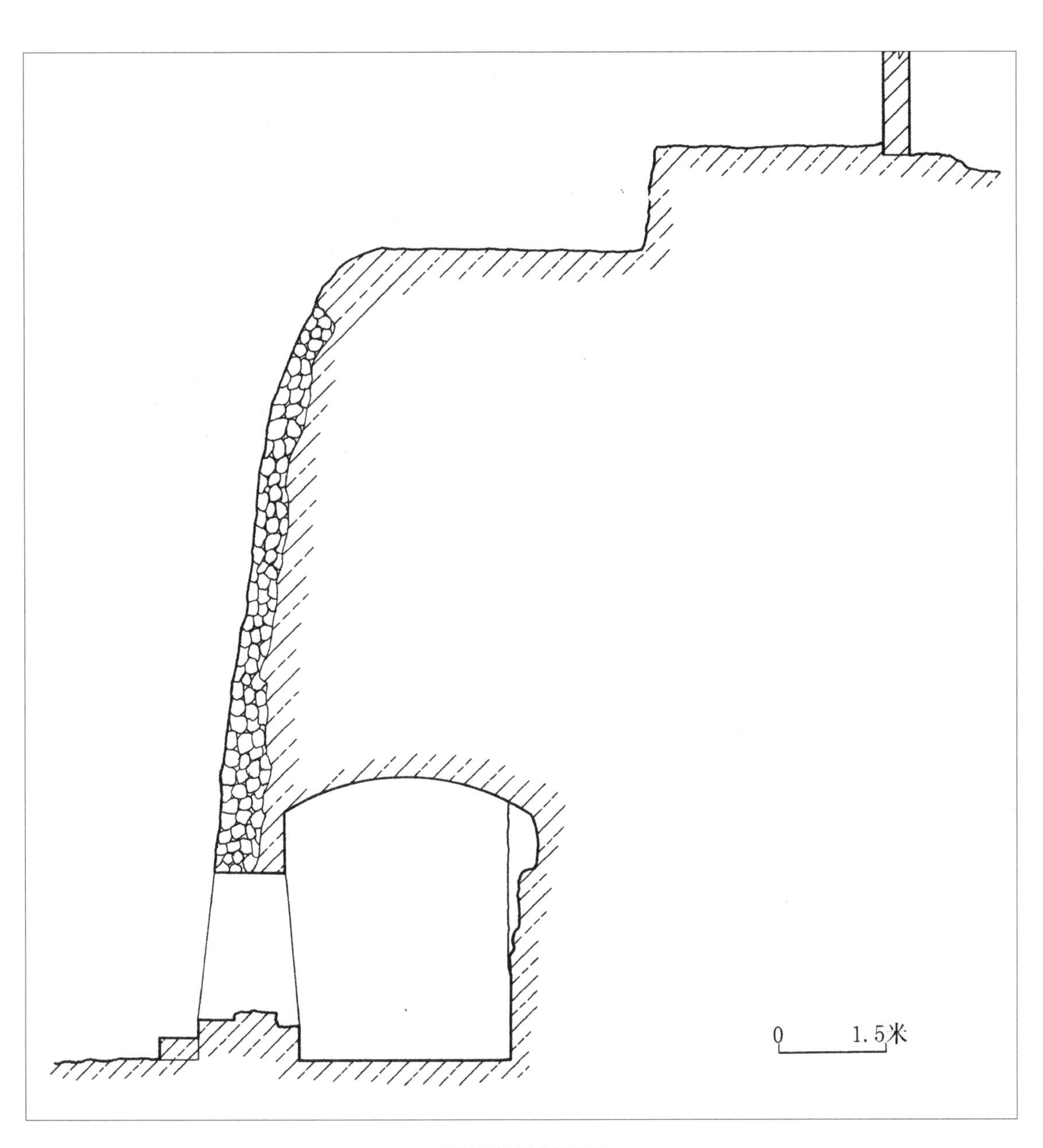

四号窟纵剖面图

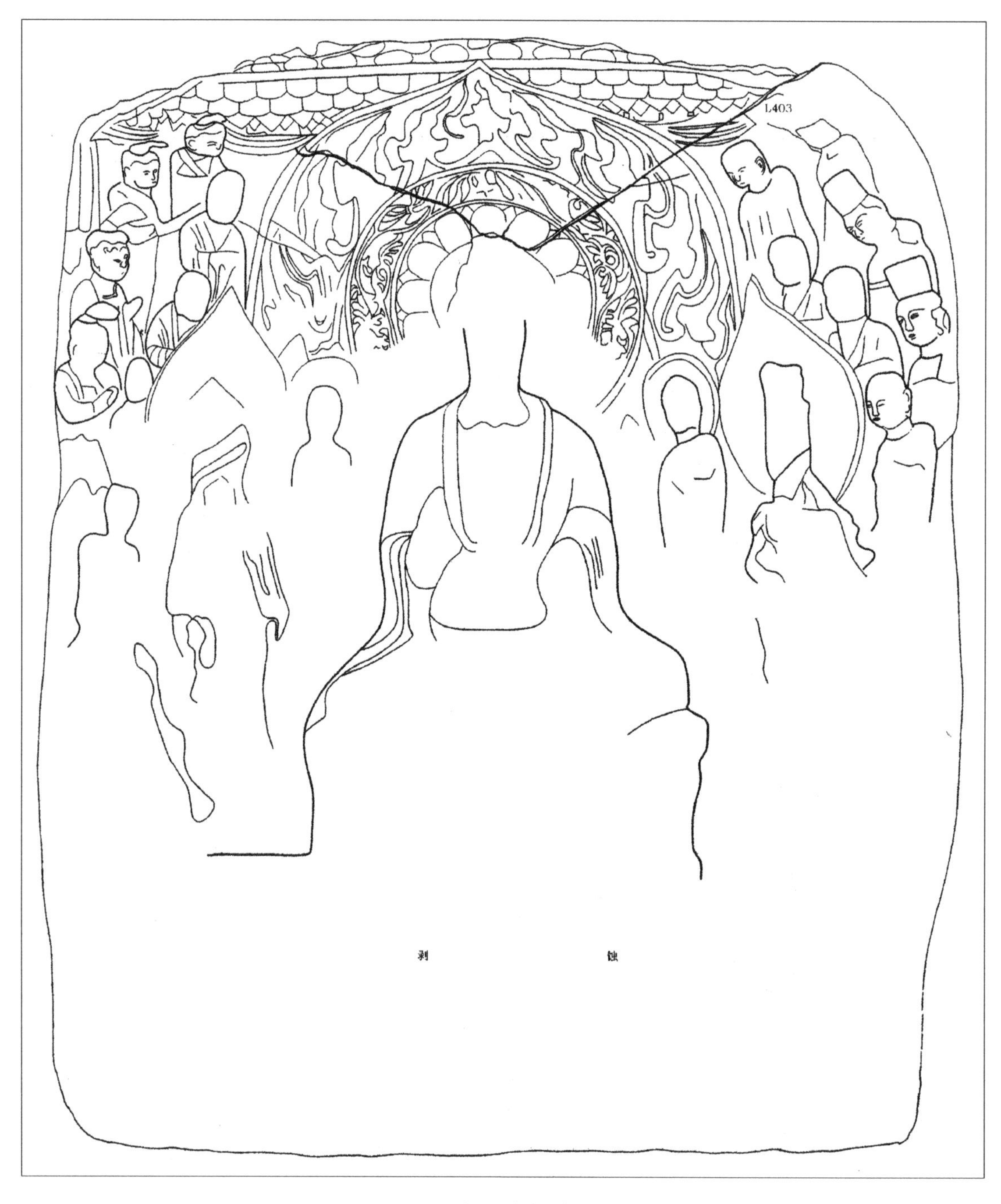

四号窟正壁实测图

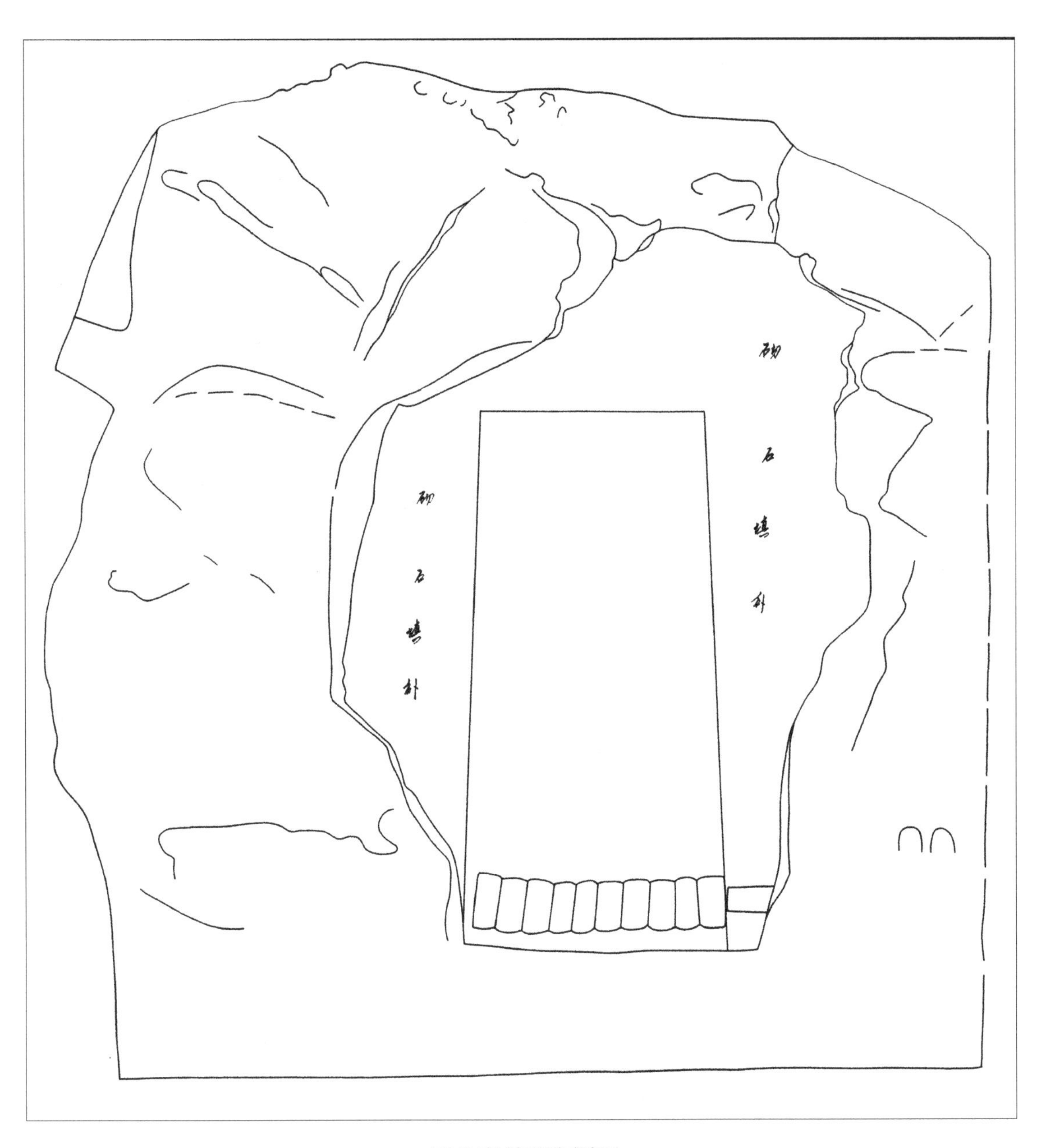

四号窟前壁实测图

四号窟南壁实测图

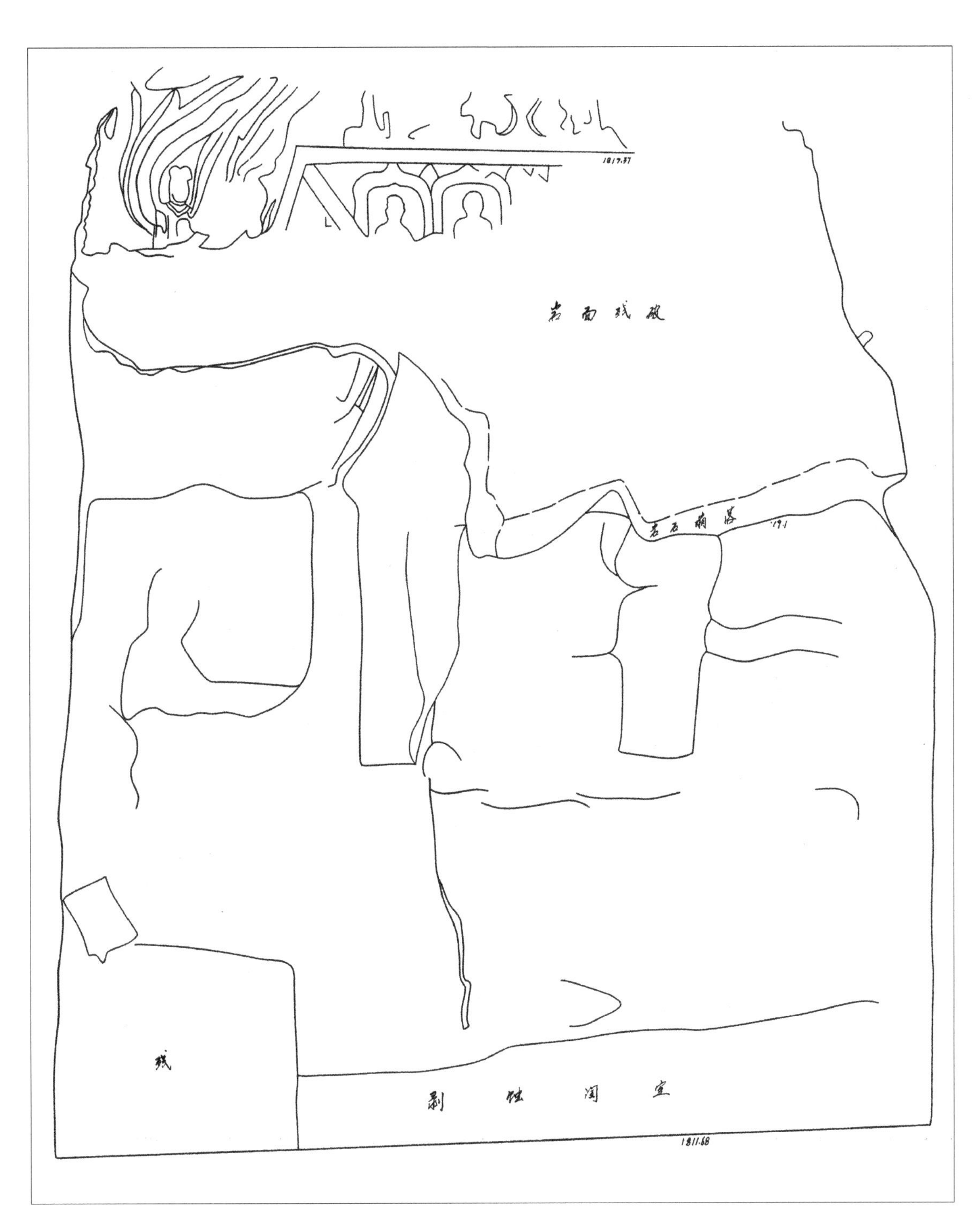

四号窟北壁实测图

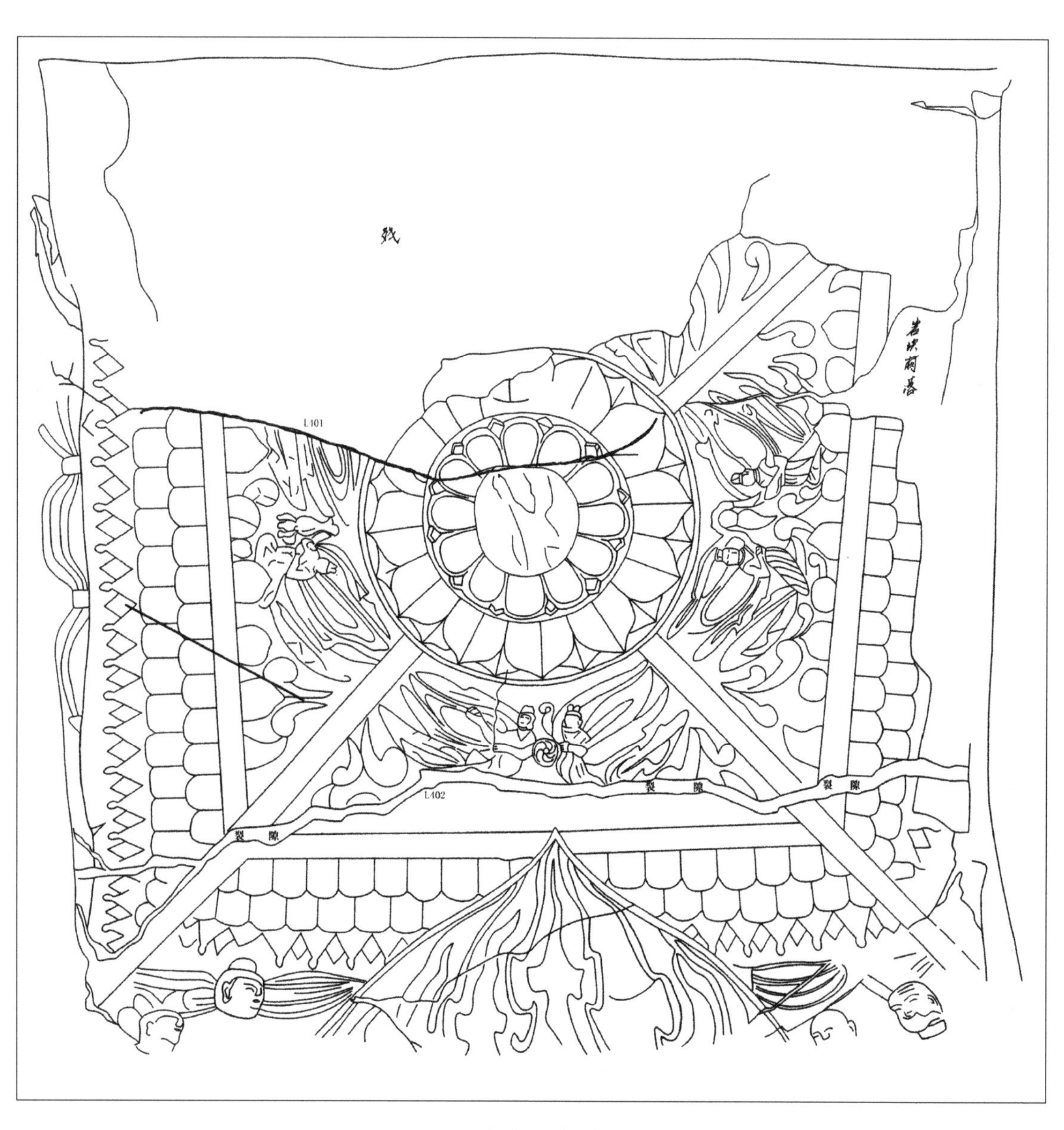

四号窟窟顶实测图

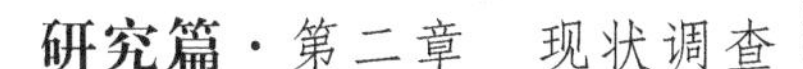

第五节　五号窟

窟型：拱形顶（平面近于方形）

开凿年代：不详

佛龛特点：三尊式布局

第五窟坍塌淹没于黄土中多年，顶部坍塌，1994 年从积土中清理出来，并进行了修补。修补时对结构和雕刻有所变动，原来的尺度不易测量和判断。洞窟现作前后室，或可称有后耳室。后室地面高于前室 0.3 米。前室长方形，与第四窟类似，上大下小。底平面宽 2.1 米，进深 2.61 米，上部宽 2.5 米，深 3 米。洞窟修补时改变了形制，现大部是新做的纵向圆拱顶，顶高 2.75 米。后室修补时也改变了原形，现亦为长方形，宽 1.55 米，进深 1.5 米，亦是纵向圆拱顶，顶高 1.75 米。整个洞窟朝向 NE135 度。

前室现为方形窟门，现门宽 80 厘米，高 150 厘米，深 150 厘米。新作门槛高 15 厘米，宽 28 厘米，门洞底面高于洞窟底面 20 厘米，为 1994 年修补而成，原状因坍塌已无迹可寻。

一、前室

北壁高 2 米，下宽 2.75 米，上宽 3 米。 开凿一尖拱形大龛，龛外侧距前壁 0.4 米，龛高 110 厘米，宽 105 厘米，深 20 厘米，龛基高 75 厘米。龛拱端饰涡纹，与第一窟之拱端和龛形类似，龛楣素面无雕饰。龛内造一佛、二菩萨三尊像。主尊跏趺坐于方座，左菩萨仅余痕迹，无可记述；右菩萨身躯修长，左臂下垂，右臂屈肘手置胸前。龛内侧上部有浮雕痕迹，不可识。再往里靠近耳室处开凿一尖拱形小龛，龛高 50 厘米，宽 28 厘米，雕一跏趺坐佛，双手作禅定印，上部毁。壁面其他均剥蚀殆尽，无可记述。

南壁高 2 米，下宽 2.6 米，上宽 2.9 米，开一尖拱形大龛。龛残毁，现存多为 1994 年修补时的新作，从原存遗迹测量，龛高约 105 厘米，宽约 90 厘米，龛基新作为 85 厘米高，可能实际与北壁龛基高度一样，是 75 厘米。龛内有 3 尊造像遗迹，为一佛、二菩萨。龛外侧距离前壁 0.35 米，其他壁面均为新砌石壁。

二、后室

后室遗迹为穹隆顶。正壁和两侧三壁设宝坛，后壁面凹圆球状。正壁宝坛边月形平面，中间深46厘米，坛高25厘米。两侧壁宝坛为新石砌作，难寻尺度。后室现存7尊造像遗迹，可能为一佛、二弟子、二菩萨、二力士。正壁3尊像，主佛居中，佛已无存，1986年调查时曾在该洞室内清理出一尊佛像，现仅在壁面上遗存舟形身光。身光为三重，内饰圆，圆外刻重层莲瓣，莲瓣外套圆环，环外有双重舟形雕饰，其间纹饰模糊不清，仅余痕迹。右侧弟子余膝之下，跣足立于圆形莲花束腰座上，座高16厘米，上、下面直径22厘米，束腰处直径16厘米。左弟子仅余下部轮廓，亦为圆形莲花束腰座。右侧菩萨余下部残迹和圆形莲花束腰座，座直径25厘米、高18厘米。右力士上部毁，存膝以下，赤足立于宝坛，左腿完整，膝以下高26厘米。左菩萨与左力士，仅存壁面上的火焰宝珠头光和圆形头光。原始也可能是9尊像，因为力士之外还有雕像的空间位置。

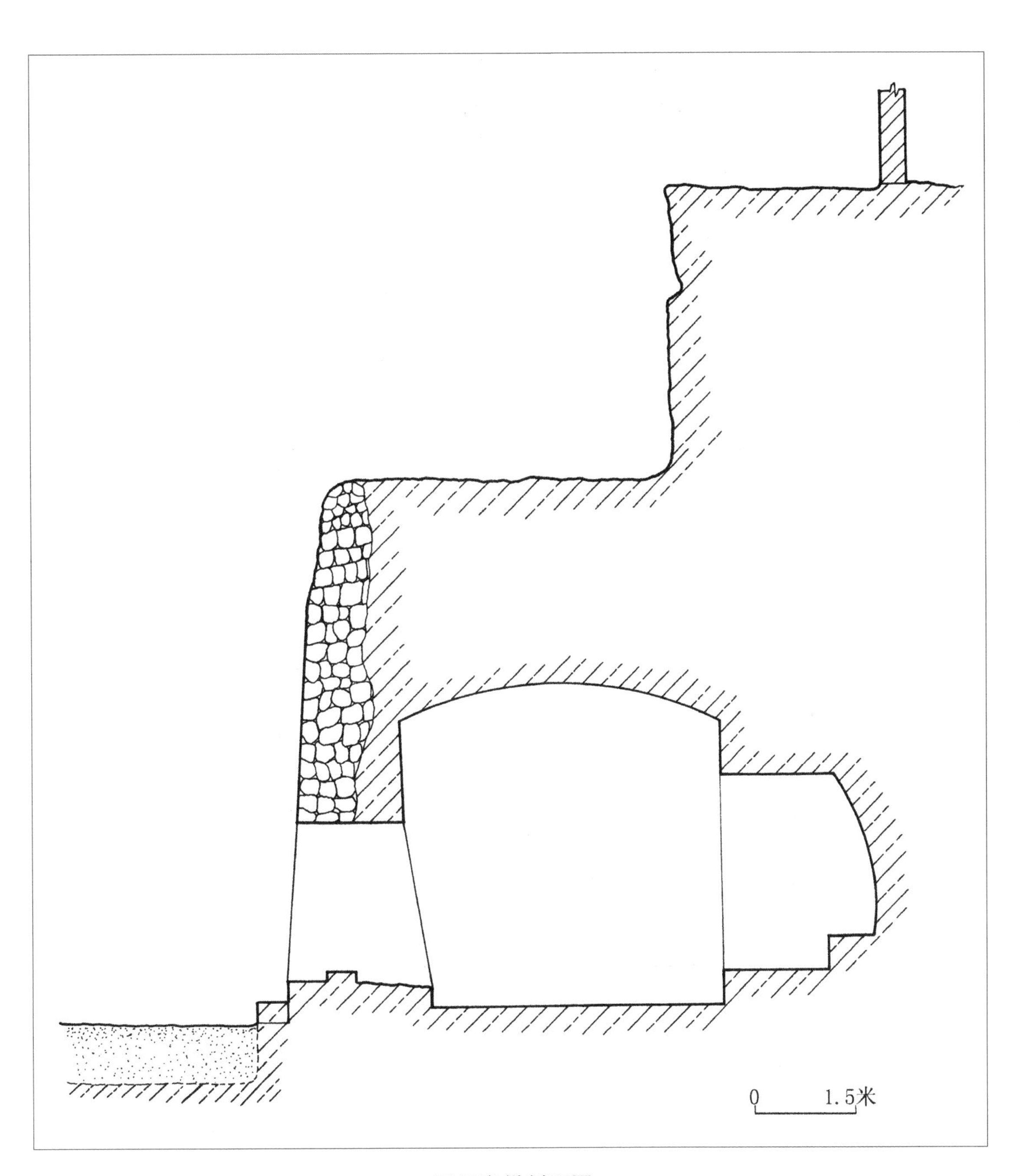

五号窟纵剖面图

第六节　六号窟

窟型：风化殆尽，不详

开凿年代：不详

佛龛特点：不详

第六窟位于第五窟南侧，与前 5 窟不在同一崖面上，山崖向外突出 2 米多。洞室全部坍塌，淹没于黄土中，无雕饰，为禅窟。

第七节　七号窟

窟型：风化殆尽，不详

开凿年代：不详

佛龛特点：不详

第七窟也为禅窟，位于窟群最南端，朝向 NE129 度，即东偏南 39 度，与第五窟相隔有向外突出的山包，距离 6 米，地面较第五窟地面低 0.5 米。

该禅窟或可称禅室，特别低矮，虽然室门塌毁，还可看出，禅僧必须屈体，才能进入。洞室前壁和南壁的上部坍塌，室顶遗迹不足一半。禅室底小上大，前高后低，穹隆顶。洞室底平面呈方形，圆角。前宽 158 厘米，后宽 135 厘米，进深 125 厘米。洞室中部宽 183 厘米，进深 147 厘米。后部顶高 87 厘米，前部顶高 105 厘米。门下有 5 厘米高的门槛，门宽 66 厘米，残厚 60 厘米，残高 70 厘米。壁面和顶部均无雕刻，三壁面根部各存人蹲坐磨出的坑窝，可能是禅僧坐禅之遗迹。

第八节　八号窟

窟型：拱形顶

开凿年代：不详

佛龛特点：九尊式布局

洞窟平面位置，其南壁面距第一窟北壁 2.7 米，后壁面在第一窟中心柱正面东 0.5

米。高度位置，窟顶与第一窟顶平齐。洞窟朝向 NE122 度，即东偏南 32 度。

洞窟平面方形，宽 1.5 米，洞室前部坍塌，现残存进深 1.2 米，从迹象看可能是穹隆顶，顶高 1.33 米。设低坛，坛高 12 厘米，正壁坛宽 18 厘米 ~27 厘米，南壁坛宽 15 厘米～ 17 厘米，北壁坛宽 15 厘米～ 18 厘米。

接近佛像两侧的胁侍像，已经风化剥蚀，仅余轮廓，但从其体形、姿态观察，不是弟子，而是菩萨。南北壁外侧虽然造像已毁，而低坛上遗迹显然是造像的根部。因此，可辨识洞内造像 9 尊，为一佛、四菩萨、二天王、二力士。主佛居中，佛像风化剥蚀严重。圆形束腰莲花座，座下宽 48 厘米，上宽 43 厘米，高 33 厘米。佛高 55 厘米，头残高 22 厘米，肩宽 23 厘米。头残毁，窄肩，双手置足上，作禅定印，结跏趺坐，下部衣裾覆于座前。

内侧左菩萨立于圆形束腰莲花座上，座直径 19 厘米，高 13 厘米，像高 57 厘米，头残高 15 厘米，肩宽 15 厘米。风化严重，身躯修长，双手合十于胸前。内侧右菩萨风化严重，仅余轮廓，亦立于圆形束腰莲花上，座直径 17 厘米，高 11 厘米，头残迹高 14 厘米，肩下高 46 厘米，通高 60 厘米，腰以下高 31 厘米。左臂下垂，右臂弯曲，手置腹侧，显得身躯更为修长，屈体前挺，姿态优美。

外侧左菩萨残毁，位于洞室西北角部，仅余腿部轮廓，身躯挺直，立于圆形束腰莲座上。外侧右菩萨也在洞室角部，仅余圆形束腰莲花座，亦为立像。

左天王、力土毁坏，仅余造像根部痕迹。右天王，头残，肩以下高 49 厘米，肩宽 17 厘米，胯宽 25 厘米。下踏夜叉，右足踏夜叉膝盖，左足踏夜叉背部，左手臂不存，右臂弯曲，手置腰间，形象威武。夜叉丰满稳健，高 12 厘米，左腿弯曲平置，右腿抬起，膝盖向上，脚跟蹬地，双臂叉开，手作支撑。右力士已毁，仅余根部痕迹。

第九节　附属文物

一、释迦佛头像

自一号窟西壁盗窃凿下，高 20 厘米。

二、重修白鹿山鸿庆寺古佛龛卧碑序

心柱正面镶嵌明嘉靖四十二年（1563 年）《重修白鹿山鸿庆寺古佛龛卧碑序》，高 67 厘米，宽 92 厘米，汉文楷书。

三、零散造像残块

窟地面放置有部分造像残块。

四、碑座

置于皂角树池内。

五、古树名木

在第二窟前有皂角树一棵，树龄百年，枝繁叶茂。

第三章　现状图

第一节　区位图

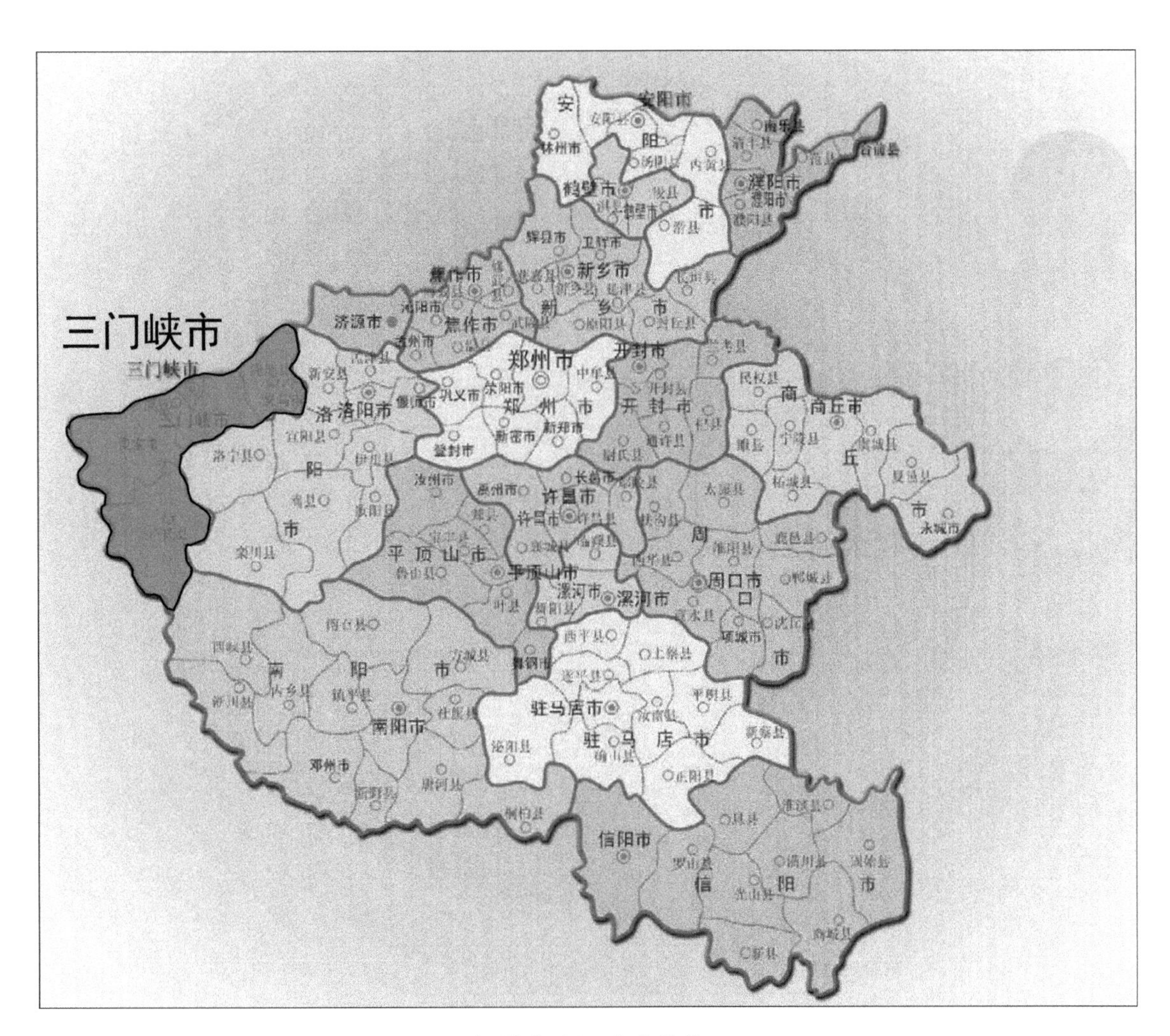

三门峡市在河南省的位置

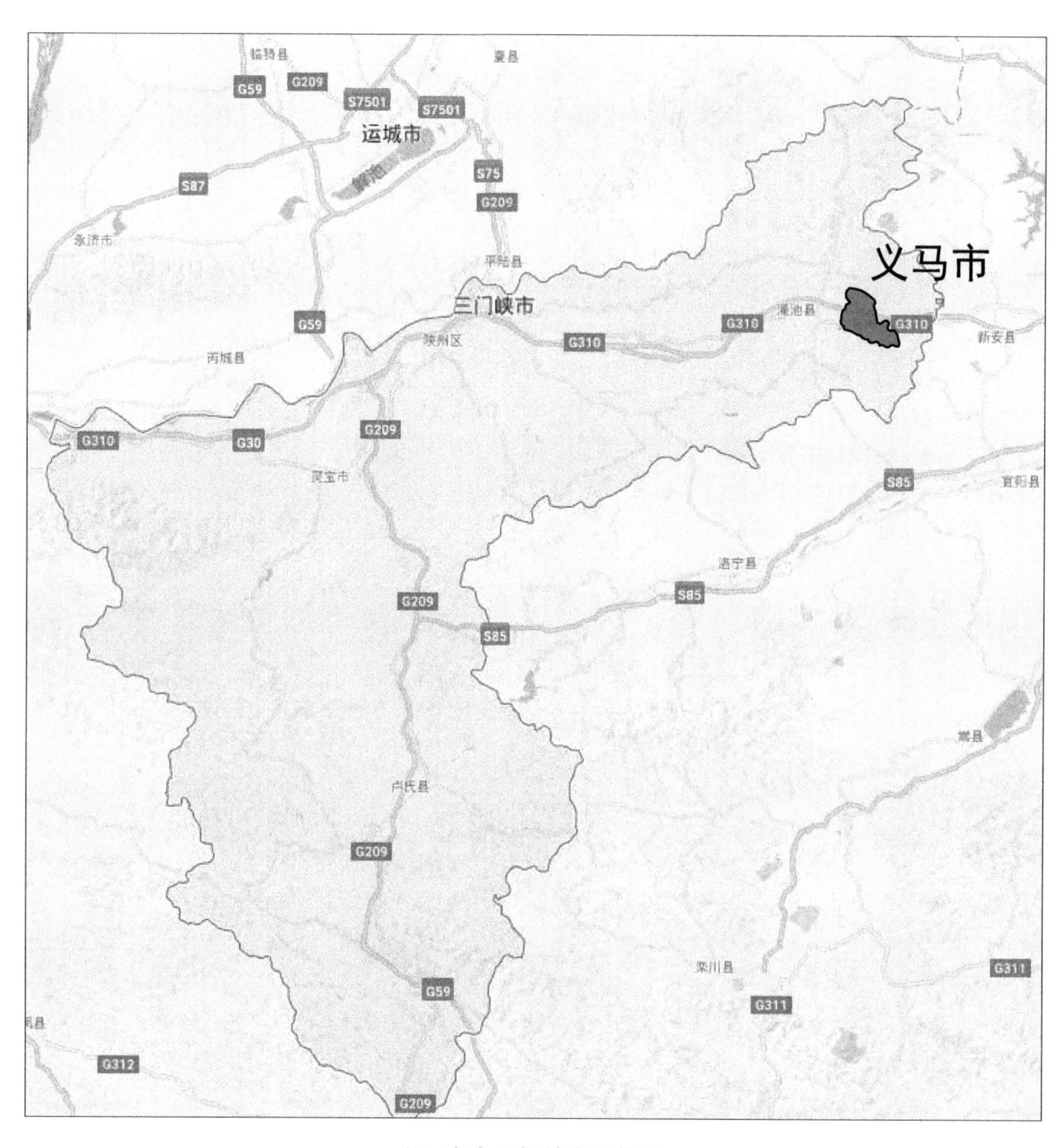

义马市在三门峡市的位置

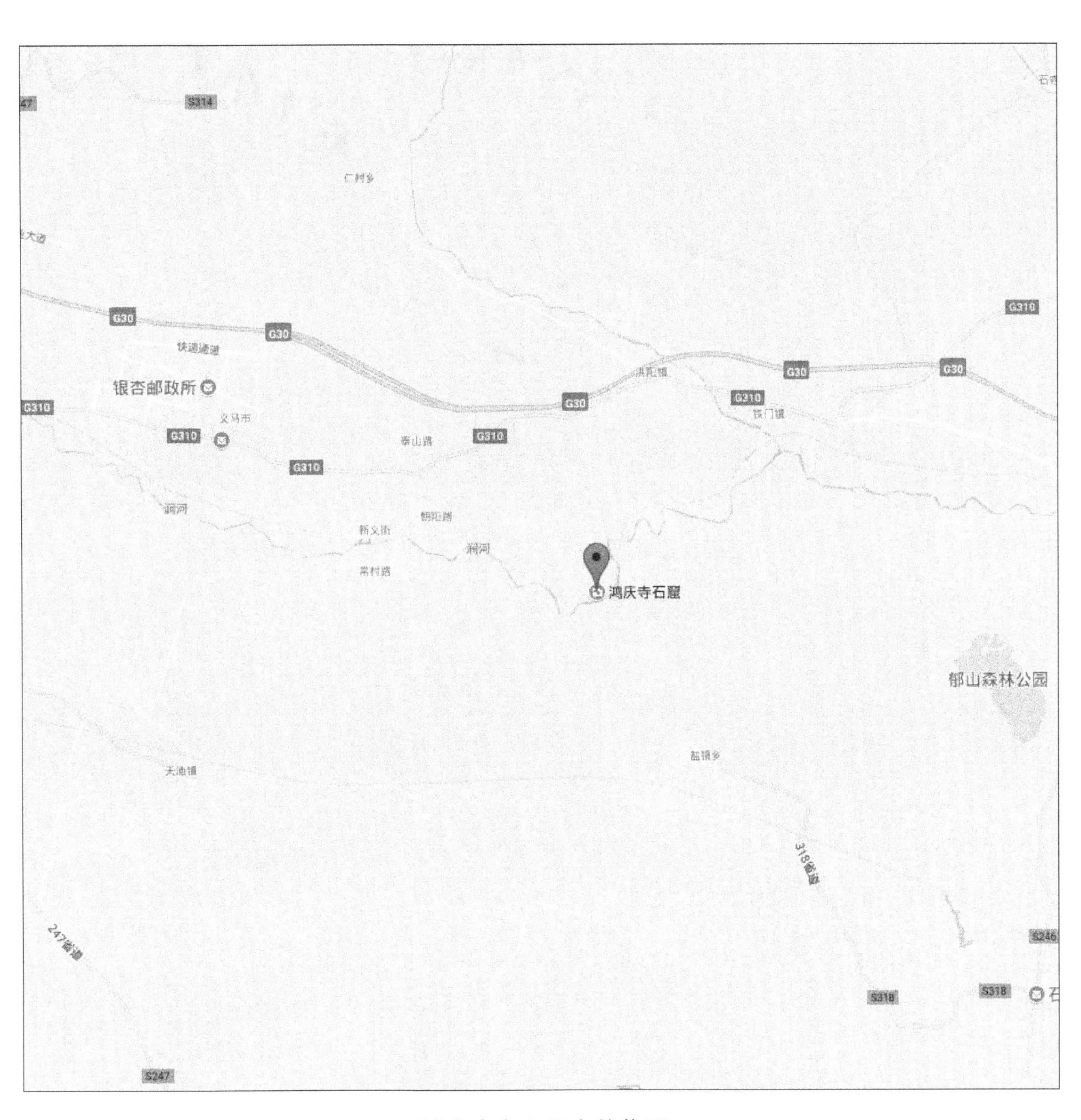
S314
仁村乡
G30
G30
快速通道
银杏邮政所
G310
义马市
G310
泰山路
G310
G310
G30
G30
G30
G210
铁门镇
G310
涧河
新义街
朝阳路
涧河
常村路
鸿庆寺石窟
郁山森林公园
盐镇乡
天池镇
318省道
247省道
S246
S318
S318
S247

鸿庆寺在义马市的位置

第二节　影像图

北
图例：
鸿庆寺石窟
鸿庆寺石窟位于义马市东南14公里的石佛村，南背依白鹿山，南临涧河。开凿于北魏至唐，原有洞窟亢座和寺院建筑，建筑已无存，仅存洞窟五座。窟内计有佛龛46个，造像120宗尊，浮雕佛传故事四幅。

第三节　遗存环境现状图

第四节　现状总平面图

第五节　一号窟保存现状图

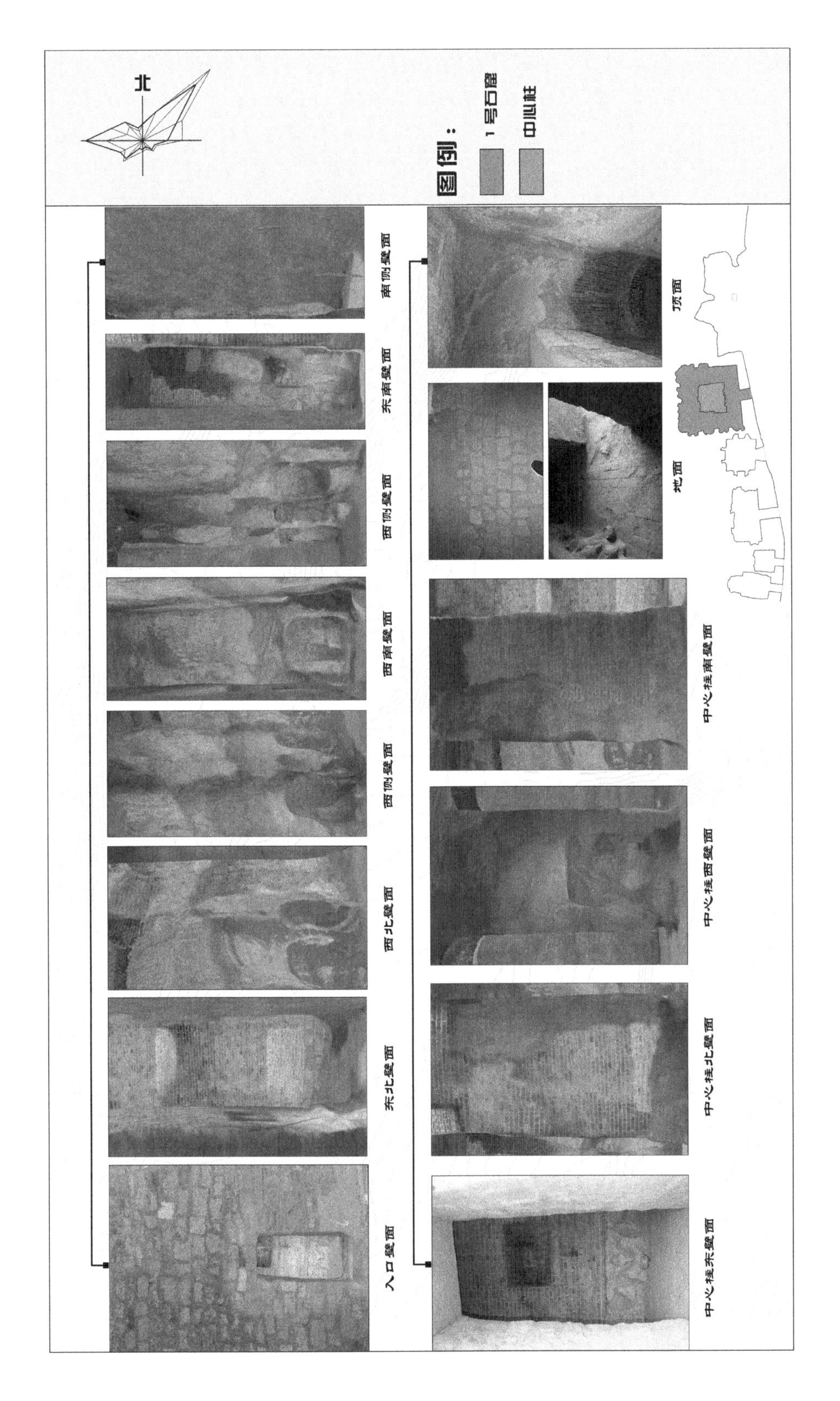

第六节　二号窟保存现状图

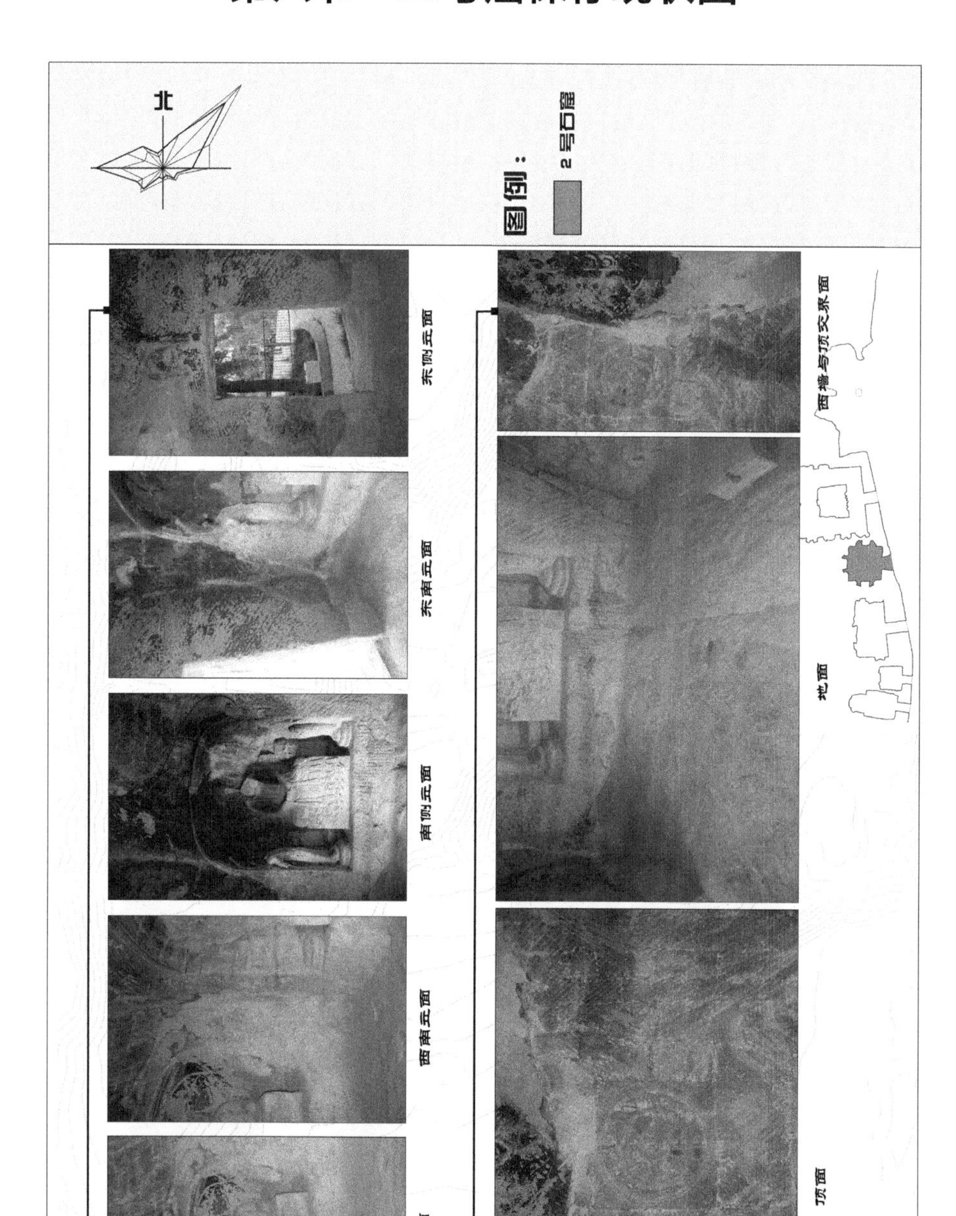

第七节　三号窟保存现状图

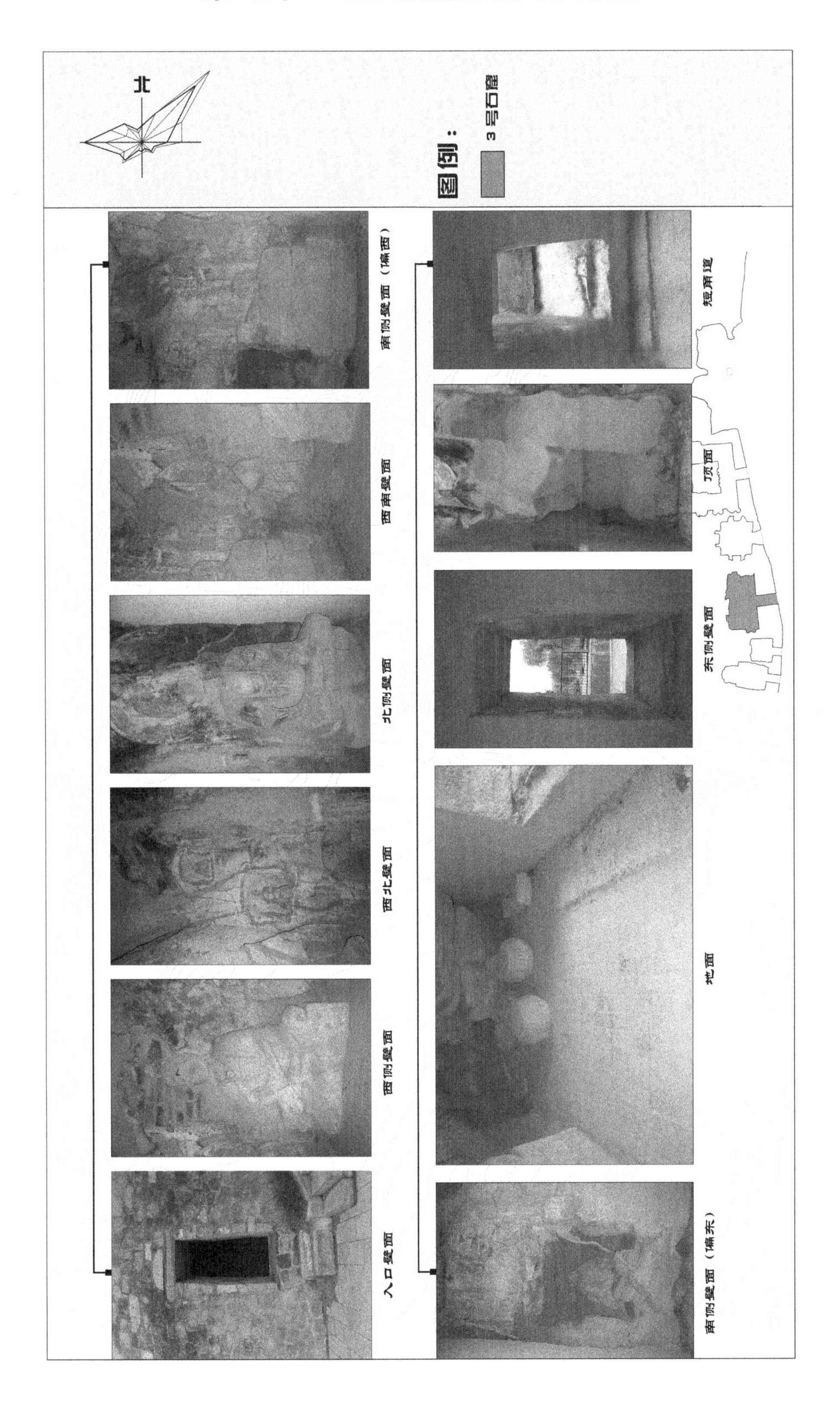

第八节 四号窟保存现状图

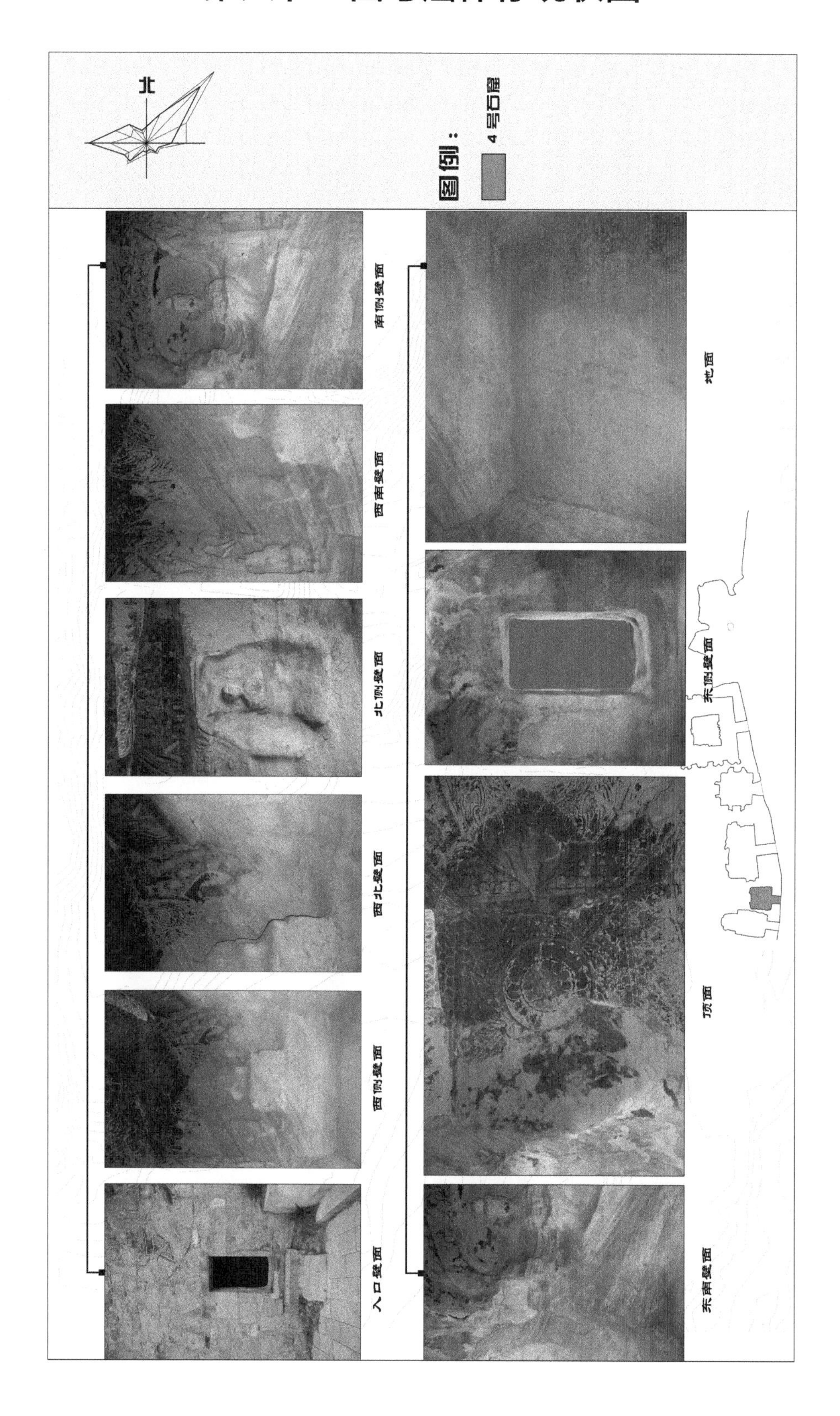

第九节　五号窟保存现状图

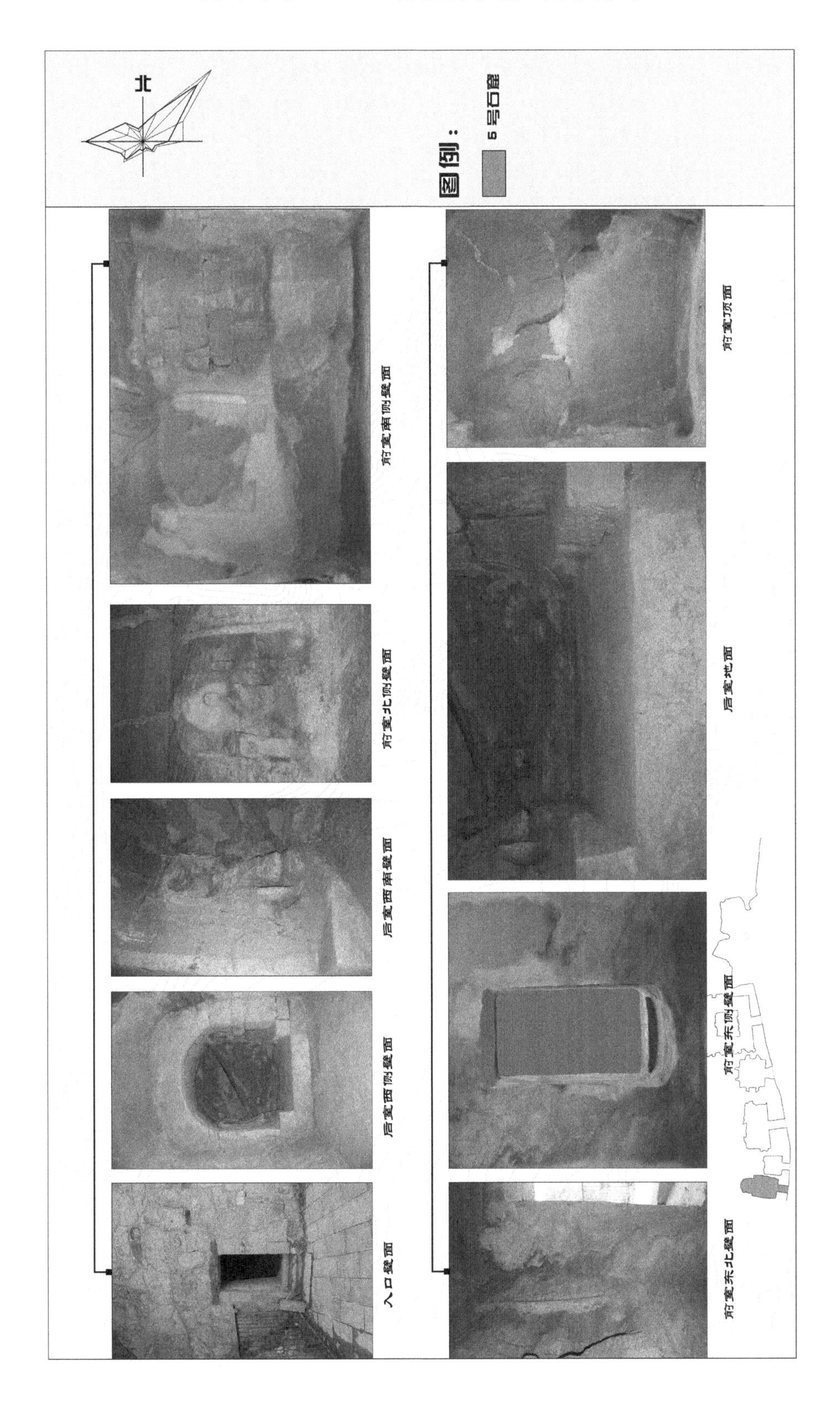

第十节　附属文物保存现状图

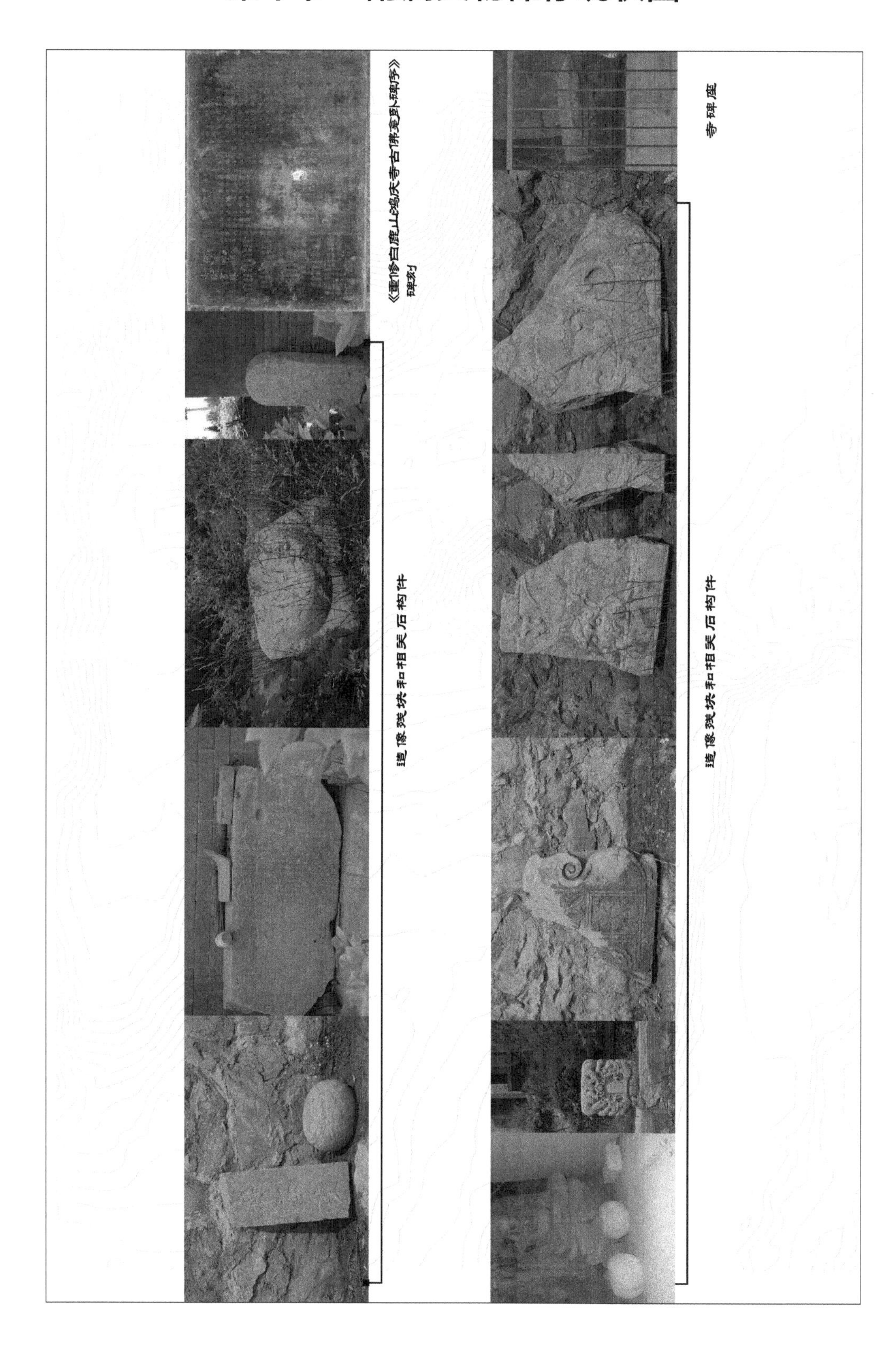

第十一节　院内环境现状图

第十二节　院外环境现状图

第十三节　原保护区划图

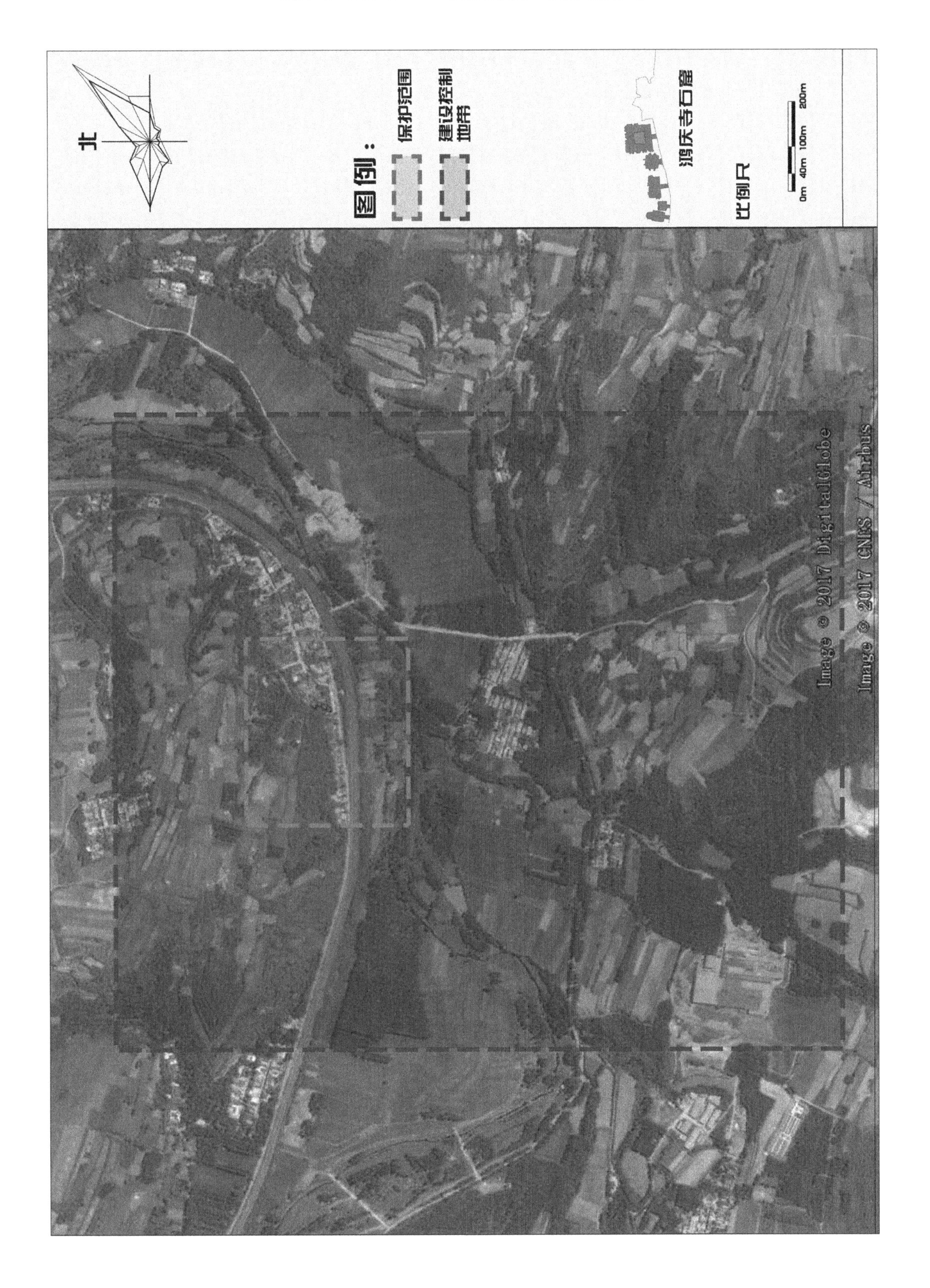
北
图例：
保护范围
建设控制地带
鸿庆寺石窟
比例尺
0m 40m 100m 200m
Image © 2017 DigitalGlobe
Image © 2017 CNES / Airbus

评估篇

第一章　石窟价值评估

第一节　历史价值

鸿庆寺石窟之规模与巩县石窟基本相当，属于中原中型石窟的主流类型石窟。窟群内保留了丰富的历史信息，是中原地区石窟的珍贵实物遗存，具有较高的历史价值。

第一窟为窟群之精品，其中北壁的“出城图”，城门楼木构四阿顶，正脊及翼角微微起翘，巨大的鸱尾向内弯曲，鸱尾内沿与正脊浑然一体，具有鲜明的北朝建筑特点，为研究我国古典建筑，提供了珍贵的历史资料。檐上有立柱，正面柱间有栏额，栏额上补间铺作为通间人字拱。城门右侧城墙向前凸出，城墙右侧建有城门和二层楼阁式的门楼，门楼仍为四阿式屋顶。门楼建在高耸的立柱、一斗三升斗拱与平座之上，显得非常轻巧秀丽；城墙蜿蜒远伸，城内外山峰、林木及人物，层次分明，动静适宜，整个画面表现了城池的恢弘雄壮和生动的故事场面。此窟乃研究中国古典建筑难得的历史资料

石窟正壁的“降魔变”，南壁的“犍陟吻别”和西壁两侧的天幕龛三幅巨型浮雕，堪称同类题材之最，讲述了释迦佛修行的佛传故事，是研究北魏至唐代时期佛教传播的实物资料。

第二节　艺术价值

在洛阳地区北魏诸窟中，鸿庆寺石窟造像堪为精美，其灵动尚美的精神与卓异精致的造像手法，远胜于同时代诸品，被誉为石刻精华、文物珍宝。从其造像形制、风格和开凿手法上看，该窟群造像属于平直刀法与漫圆刀法结合雕刻，巧妙地将作品主题、形式与装饰结合起来，充分显示了匠师的雕刻技艺和丰富的想象力。

一号窟为中心柱形制，这种形制仅在万佛山石窟和巩义石窟中所见。窟正壁大型高浮雕“降魔变”为释迦“初转法轮”题材，与水泉石窟南壁46号龛题材相同，同为盝型龛。从风格和形制上看，当为北魏末向东魏过渡阶段。南壁的“犍陟吻别”刻画入神。西壁两侧的天幕龛，立佛神情肃穆，菩萨姿态优美，供养人高髻、着袍、执花、雍容华贵。尤其正中的大型高浮雕“降魔变”更是该窟的精华。画面以写实、简练和流畅的手笔，表现了释迦降魔成道的场景，栩栩如生，极具感染与震撼力。该窟浮雕之气势、形式、构思和布局，可谓尽善矣，具有较高的艺术价值。

二号窟造像迥殊于其它造像，雕刻着重于人物体态及精神韵致方面，已朝着唯美方向发展了。造像的手法也极为罕见，介于东西魏至北齐期间之特点。

三号窟造像特征视为北齐时期开凿，主尊右侧菩萨造像精美已近人化，雕刻手法近乎为圆雕。菩萨身体正面曲线优美，弧度流畅而富有弹性，略成“S”型，婀娜多姿。菩萨身上天衣依体势自然下垂，线条流畅飘逸，给人无风自动之视感。从造像形式、构思和技法上，都体现出很高的艺术价值。

四号窟为唐窟。穹隆顶部的飞天图，是该窟造像风格变化最大、艺术成就最高之处了。北壁佛龛上方正中一对相向飞天，从构图与形态看，仍保留北魏流行之风格。但左边飞天除面部精神饱满外，整体仍显清癯修长之形态，而右边的飞天则十分丰满，面部丰腴，表情欢喜，手臂圆润，头上花冠精致完美，一切呈丰美姿态。表明在唐代这一时期，佛造像艺术已从清癯修长走向“以丰为美”的审美道路，预示着新的艺术变化与发展方向。该窟艺术价值之高，堪为窟群之首。

鸿庆寺石窟中的“降魔变”“犍陟吻别”“天幕龛巨型浮雕”等雕刻工艺精巧，代表了北魏晚期至唐代中原地区中小石窟的艺术成就，反映了这一时期石窟的艺术风格、工艺技术水平以及人们的审美观点，具有极高的艺术价值。

鸿庆寺石窟造像甚为精美，其灵动尚美的精神与卓异精致的造像手法，远胜于当时诸品，被誉为石刻精华、文物珍宝。其雕刻手法充分显示了地方特色，且巧妙的将作品主题、形式与装饰结合起来，显示了匠师的雕刻技艺和丰富的想象力，为研究北魏晚期至唐代石窟的雕刻艺术风格提供了良好的素材。

鸿庆寺石窟展示了佛教文化神圣的魅力，永远为人们所欣赏。

第三节　文化科学价值

鸿庆寺石窟选址科学，背依白鹿山，南临涧河水，在布局时考虑了我国古代“风水”格局，体现了较高的科学性。

鸿庆寺石窟属中原中型石窟的主流类型石窟，浮雕造像工艺精湛，手法精巧，为研究我国古代石窟雕刻技术提供了参考资料，具有较高的科学研究价值。

石窟内的雕刻内容、艺术水平和人物服饰反映了开凿时期社会的经济、文化、供养关系等，对研究开凿时期社会的经济文化有较高的参考价值。

石窟正处崤函古道，踞历代交通之要塞，对佛教文化的传播及当时社会经济活动均具有重要的影响，更反映了当时的政治、交通等情况，为研究地域文化、丝绸之路崤函古道段、涧河水文提供了科学依据。

从地理环境考察，自古都洛阳溯涧水而上，越汉函谷关，过新安铁门，即达鸿庆寺石窟；往西经秦晋崤之战的硖石天险，至陕州出秦函谷关，已可望西京长安。石窟正处崤函古道，踞历代交通之要冲，又为武则天皇帝御驾亲临，对佛界和社会均具有重要的影响。反映了当时的政治、交通、水文环境等情况。为研究地域文化、丝绸之路崤函古道段、涧河水文都提供了科学依据。

第四节　社会价值

鸿庆寺石窟浑厚肃穆，宏大而精美，象征佛教的威严与神圣，体现了佛教强大的宗教感召力。另一方面，鸿庆寺石窟从开凿时期延续至今，是我国佛教文化及佛教造像艺术的重要载体，具有较高的宗教价值。

鸿庆寺石窟是义马市最重要的文化资源之一，与秦新安故城遗址、楚坑遗址、慈禧行宫、清风山等文化自然遗产一同成为带动该地区旅游经济发展的重要资源。

鸿庆寺石窟是全体义马市人民热爱家乡和产生家乡自豪感的重要载体。

第二章　保存现状评估

第一节　文物本体状况评估

一、本体病害

（一）窟龛造像及所在窟洞的病害

主要依据《石质文物病害分类与图示》（中华人民共和国文物保护行业标 WW/T0002—2007）等相关标准，鸿庆寺石窟内窟龛造像及所在洞窟的病害主要有表层风化、裂隙、表面污染与变色、植物伤害与微生物伤害等，部分部位多种病害并存，或以某种病害较为突出。

1. 裂隙与岩体失稳

（1）岩体失稳：局部存在

影响程度：存在

（2）非渗水裂隙：浅表性裂隙与机械裂隙共存

影响程度：一般

（3）渗水裂隙：窟壁上密集存在多处

影响程度：一般

2. 文物表面生物病害

（1）植物伤害：窟壁有植物生长

影响程度：无

（2）动物伤害：无

影响程度：无

（3）微生物伤害：造像及窟壁多处苔藓滋生

影响程度：无

3. 表层风化

（1）表面粉化剥落：造像及窟壁多处粉化剥落

影响程度：严重

（2）表面泛盐：局部有泛盐现象

影响程度：

（3）表层片状剥落：造像及窟壁多处

影响程度：严重

（4）鳞片状起翘与剥落：造像及窟壁多处

影响程度：一般

（5）表面溶蚀：窟壁更突出

影响程度：严重

4. 表面污染与变色

（1）大气及粉尘污染：造像及窟壁严重污染变色

影响程度：无

（2）水锈结壳：造像及窟壁多处严重存在

影响程度：严重

（3）人为污染：多处墨书、漆书和烟熏污染

影响程度：存在

（二）石窟所在山体的病害

石窟所在山体的病害主要是山体和植被破坏。近年修建登山台阶、修建联通信号塔等活动不仅破坏了山体和植被，对造像所在山洞的扰动较大，而且相关建设活动未进行地质稳定性论证，使受力不均、不均匀沉降和山体滑坡等灾害的出现风险增大。

二、文物遗存现状保存及病害评估

（一）保存状态评估

从鸿庆寺石窟及附属文物的现存情况来看，其布局不完整，历史记载不详细。本规划以2017年石窟遗产留存情况为标准，依据病害程度和文物价值的表现，对文物本体保存状态评估。评估的标准依据文物现状保存的完好程度，本规划将文物本体保存

状态分为较好、一般、较差三类。

（二）评估标准

1. 保存状态评估标准分为较好、一般、较差三类，具体标准如下：

保存较好——即石窟未出现较大残损，或有个别残损点需要维护，但不影响价值表现；

保存一般——即石窟关键部位的残损，已影响其结构安全或价值体现，有必要采取加固或修缮措施；或者残损点已得到修缮，但对其文物价值的表现有一定的破坏；

保存较差——即石窟结构安全处于危险状态，随时可能发生局部坍塌事故，需立刻采取抢修措施；或者残损较甚，已不能体现其文物价值。

2. 石窟残损程度评估从轻到重依次分为Ⅰ、Ⅱ、Ⅲ三类，具体标准如下：

Ⅰ类：石窟得以科学合理保护修缮，原有的残损点均已得到正确处理，尚未发现新的残损点或残损征兆。

Ⅱ类：原已修补加固过的残损点或者新的部位，有病害持续恶化或者滋生现象，需要重新保护修缮，但不影响其结构安全稳定性。

Ⅲ类：石窟已残缺严重，不能展示其原有特征及风貌，严重影响其文物价值。

3. 石窟遗存的真实性分为A、B两级，具体标准如下：

据《中国文物古迹保护准则》第一章第2条要求“保护的目的是真实、全面地保存并延续其历史信息及全部价值”，对鸿庆寺石窟及附属文物进行真实性评估十分重要。鸿庆寺石窟文物遗存虽因人为、自然破坏等原因遭到破坏损伤，但其反映的历史信息和布局真实性较高。本次规划将文物遗存的真实性分为两等级，即未经干预（保持原创原貌的）为A级，经过干预（未保持原貌的）为B级。

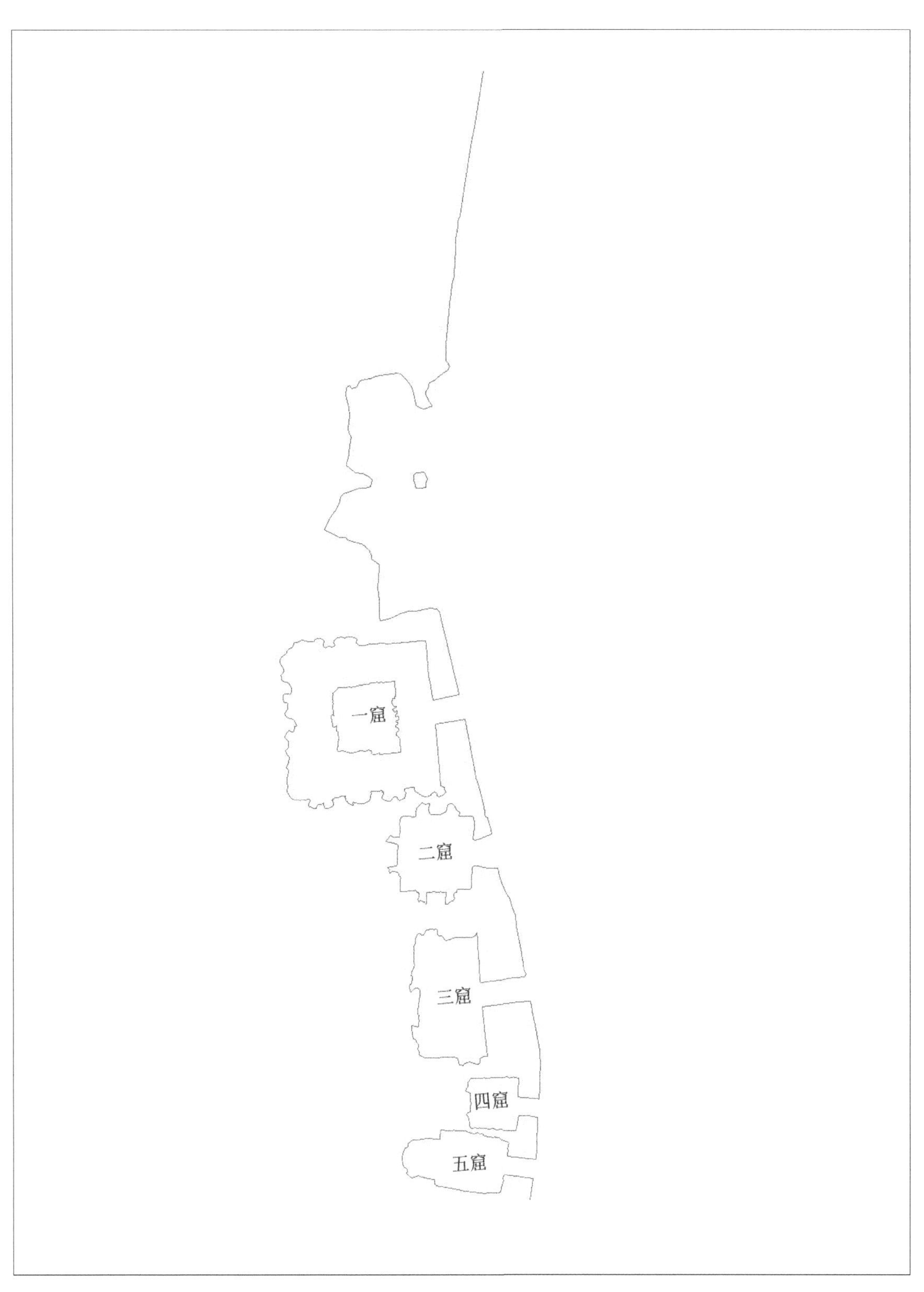

鸿庆寺石窟平面分布图

（三）文物遗存残损程度评估

根据文物本体的病害及残损情况，现将石窟残损程度从轻到重依次分为Ⅰ、Ⅱ、Ⅲ三类。

（四）文物遗存真实性评估

根据石窟保存的历史信息和布局受干扰程度多少，将石窟遗存的真实性分为A、B两级。

鸿庆寺石窟3D扫描

评估如下：

1. 一号窟

残损程度：

Ⅱ类

保存状态：

一般

真实性：

A

残损描述：

石窟前部石壁早已坍塌，现在的前壁为2003年抢险加固修缮。

中心方柱：东面为正面，下部残存一组浅浮雕画面，形象模糊。南北两面已完全风化脱落。西面(背面)下层凿一尖拱形龛，内为五尊式造像，本尊轮廓依稀为倚坐佛，似有背光；左右两胁侍菩萨，尚可辨出头冠和衣饰，此龛上部浮雕模糊。

西壁：整壁风化严重。浮雕画幅较大，亦较精致，分上下两层，下层凿有四龛，龛内造像已不存。上层两端为天幕龛，中部浮雕“降魔变”。南端的天幕龛为方形，兽衔帐坠已残。龛内立佛面部稍残，右臂已失，右侧菩萨与一罗汉头部无存；北端的天幕龛仅有一罗汉尚存头部，其余罗汉、菩萨、本尊的头部皆毁。主佛右肩略毁，左侧之菩萨脸部稍残，下部风化。右侧菩萨上身残；中部浮雕“降魔变”中心有一龛早被盗毁，浮雕整体表层风化严重，浮雕依稀可见。

南壁：浮雕分层分段，下层凿四龛。东部一龛已残，龛内雕像多已剥蚀，可以辨出皆为三尊式布局，即一佛二菩萨。龛与龛之间有装饰图案，已模糊不能分辨；上层西段雕佛传故事“犍陟吻别”和礼佛图。菩萨头部、手部残损，衣服清晰流畅。礼佛图整体风化较严重，只能依稀辨识，礼佛人为三排，衣服均因风化剥蚀而不清晰，但仍显现出均是褒衣。

北壁：雕刻分上下两层。下层东部两龛已残损尽无。西部两龛已塌落。上层东段造像已风化剥落殆尽，已用青砖加固，西段“出城图”，除城门楼清晰可见，其余部位风化剥落严重。依稀可见门楼外有众多人物形象，其衣着、性别已不能辨识。

病害成因分析：

自然：石窟材质为沙岩，质地粗糙，结构疏松，遇水受潮易崩解，加上风蚀剥落等自然因素使该窟浮雕表层残损严重。

石窟受地质构造剪应力与张应力等多组节理影响，使岩石完整性受到破坏，再加上地震，故造成窟壁坍塌。

人为：人为盗窃造成“降魔变”浮雕中心窟龛被盗，释迦佛头被凿下。

佛头、手多处造人为破坏。

陇海铁路每5分钟有一列车通过，持续近2分钟，由于距离太近，相当于2 ~ 3级地震，能造成岩石和洞窟结构的持续破坏。

一窟 3D 扫描

2. 二号窟

残损程度：

Ⅰ类

保存状态：

较好

真实性：

A

残损描述：

该窟平面为方形，顶部剥落，残存瓦棱状条纹。整体保存相对较好，局部于 2003 年修缮过。

西壁：即后壁，龛两边框雕作立柱状，右边柱已残，龛内高浮雕一佛、二第子，二菩萨五尊式造像，头已不存。主尊体形较瘦，臂已残，结跏趺坐于方台上，台前衣纹已剥蚀，龛内有黑色烟熏。佛左右四胁侍像大半已毁，不可辨识，领后有圆形和桃形头光。佛龛外右侧亦有供养人一身，有几种不同的植物纹图案，已不能详辨。

南壁：正中凿一尖拱形龛，龛楣正中雕饰已残，于 2003 年已修复。龛内高浮雕一佛、二弟子、二菩萨、头部皆失。佛左右外侧为两胁侍菩萨，双臂皆残，右侧者头光内残存有宝缯，左侧则残甚。

北壁：壁面雕饰大部份塌落，形制不可辨识。中间有一坐佛，头手皆无，仅存垂领式袈裟的领部与胸前所结衣带。左侧雕饰仅存轮廓痕迹。

东壁：门内上方有一尖拱形小龛，高 0.5 米，宽 0.55 米，雕一佛、二菩萨。佛结跏趺于方台上，右胁侍菩萨合十立于莲座上，左胁侍菩萨仅存底痕。

病害成因分析：

自然：石窟材质为沙岩，质地粗糙，结构疏松，遇水受潮易崩解，加上风蚀剥落等自然因素造成该窟浮雕表层有一定的损伤，但相比其他窟较好。

人为：人为烟熏使窟内多处呈烟熏黑色，破坏造像原貌。

佛头、手多处造人为破坏。

陇海铁路每 5 分钟有一列车通过，持续近 2 分钟，由于距离太近，相当于 2 ~ 3 级地震，能造成岩石和洞窟结构的持续破坏。

二窟 3D 扫描

3. 三号窟

残损程度：

Ⅱ类

保存状态：

一般

真实性：

A

残损描述：

该窟顶部大部分已崩塌，残留少许莲花纹和流苏纹饰。于2003年已做维修加固。

西壁：为后壁，原为五尊式布局，右侧弟子像已崩落。本尊为坐佛，自左肩至右肘以上部分残断，后人用泥补塑。颈后有泥塑的火焰纹头光，施红、黑色彩绘，图案已不清；右侧菩萨，残高1.21米，体形消瘦，头部表层风化，双臂残毁，腿下部剥落；左侧一弟子和一菩萨，弟子面部稍残，足部不存。菩萨残高1.6米，下部风化，双臂均残，下部风化；北端亦有一菩萨，一弟子，是本窟北壁主尊的右胁侍造像。头部已不存，下部均残。

北壁：东部造像已崩塌。主尊坐佛，头佚失，残高2.74米，右臂残断。

南壁：西部下层坍塌，仅有一残佛像，手残。主尊弥勒菩萨，残高1米，双腿及方座表层已风化。两侧有二胁侍菩萨，头与身大部份已剥落，仅存项圈。龛壁内风化严重，呈页状，剥落严重。

病害成因分析：

自然：石窟材质为沙岩，质地粗糙，结构疏松，遇水受潮易崩解，加上风蚀剥落等自然因素使该窟表层残损剥落严重。

石窟受地质构造剪应力与张应力等多组节理影响，使岩石完整性受到破坏，再加上地震，故造成窟顶坍塌。

人为：人为烟熏使窟内北壁局部呈烟熏黑色，破坏造像原貌。

佛头、手多处造人为破坏。

陇海铁路每5分钟有一列车通过，持续近2分钟，由于距离太近，相当于2～3级地震，能造成岩石和洞窟结构的持续破坏。

三窟 3D 扫描

4. 四号窟

残损程度：

Ⅱ类

保存状态：

一般

真实性：

A

残损描述：

该窟平面近于方形，窟顶微呈穹隆式，窟顶东部雕刻已风化，且窟顶整体呈烟熏黑色。

西壁：正中凿一佛龛，龛内造像为五尊式，本尊为坐佛，头已不存，残高 1.15 米，衣下部及台座表层已风化。佛两侧四胁侍像皆残，唯存头光或宝冠之痕迹。龛外两侧雕有供养人 15 身，左 7 均雕出上部，右侧雕 8 身，皆风化严重。

南壁：正中凿一佛龛，龛内造像为三尊式。主尊下部残，上部表层风化。左侧菩萨身躯表层模糊。右侧菩萨仅存躯体痕迹。龛拱额上刻 7 个小佛，其中有一尊已经剥落。

北壁：风化剥蚀严重，本尊已全部剥落，唯见佛像底部轮廓，于 2003 年修复加固。

东壁：雕饰表层风化，不可辨识。

病害成因分析：

自然：石窟材质为沙岩，质地粗糙，结构疏松，遇水受潮易崩解，加上风蚀剥落等自然因素使该窟表层残损剥落严重。

人为：人为烟熏使窟内北壁局部呈烟熏黑色，破坏造像原貌。

佛头、手多处造人为破坏。

陇海铁路每 5 分钟有一列车通过，持续近 2 分钟，由于距离太近，相当于 2 ~ 3 级地震，能造成岩石和洞窟结构的持续破坏。

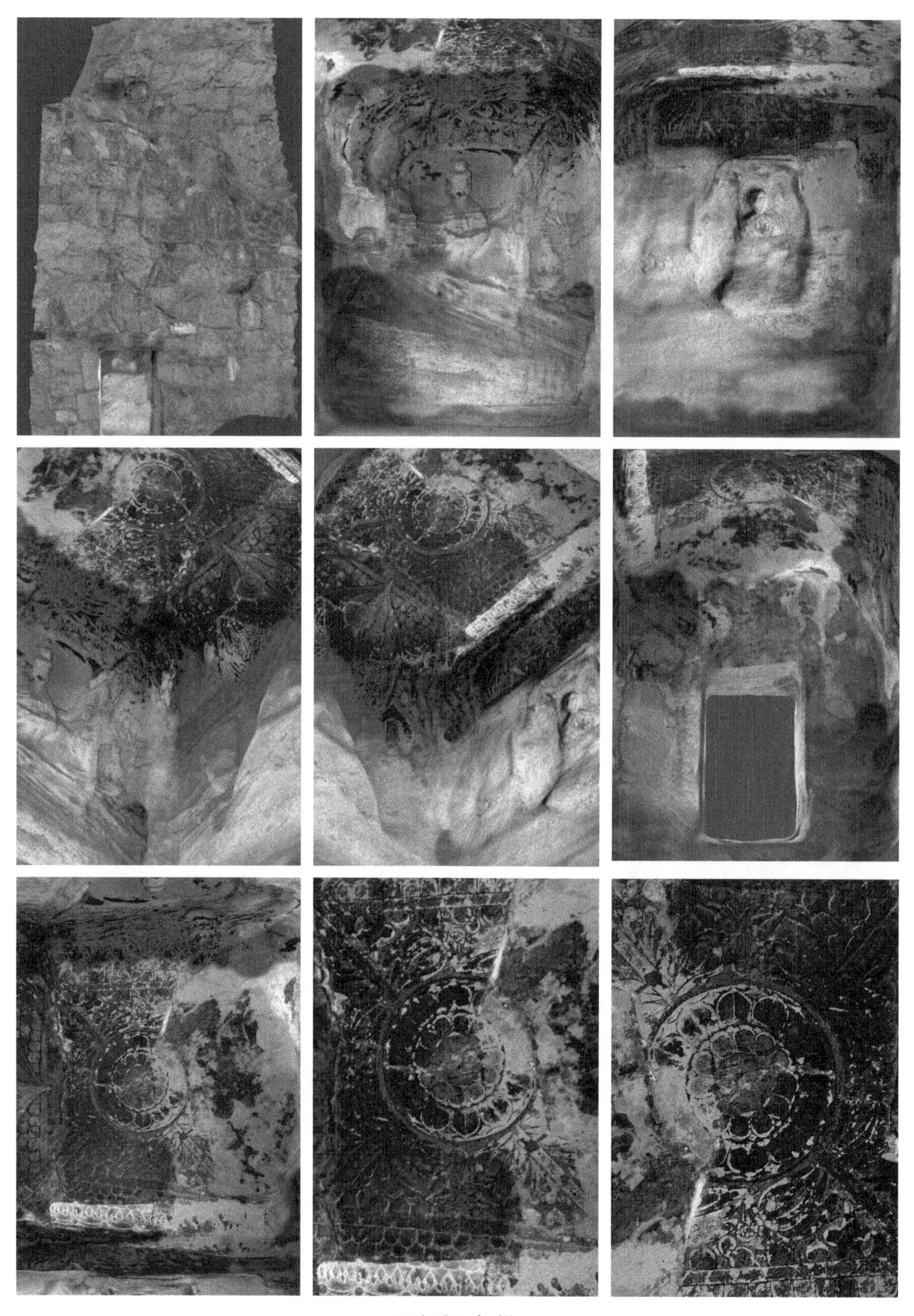

四窟 3D 扫描

5. 五号窟

残损程度：

Ⅲ类

保存状态：

较差

真实性：

A

残损描述：

该窟前室近方形，前室南北壁各存一残龛，三尊式，已模糊不能辨识。

五窟 3D 扫描

后室正壁仅存一菩萨，南壁有三尊式佛龛，均已残损不能辨识。

病害成因分析：

自然：石窟材质为沙岩，质地粗糙，结构疏松，遇水受潮易崩解，加上风蚀剥落等自然因素使该窟表层残损剥落严重。

石窟受地质构造剪应力与张应力等多组节理影响，使岩石完整性受到破坏，再加上地震，故造成窟顶坍塌。

6. 附属文物

保存状态：

较好

真实性：

B

残损描述：

《重修白鹿山鸿庆寺古佛龛卧碑序》碑刻于一号窟中心柱东壁镶嵌，保存较好。

造像残和相关石构件块堆放于3号窟地上，未能妥善保存。寺碑座放置于皂角树下，裸露在外。

病害成因分析：

环境：未能妥善保护安置

7. 古树名木

保存状态：

较好

真实性：

A

残损描述：

皂角树位于第二窟前，枝繁叶茂。树池内杂草丛生，且池壁为水泥砌筑。

8. 寺院建筑遗址

残损描述：

寺院建筑已残损殆尽，布局不详，遗址埋藏深度不详。

三、文物本体破坏因素

（一）自然破坏因素

1. 水的侵蚀

造像所在窟龛内凹不深，窟龛造像所在窟洞有多处渗水现象，使水的侵蚀成为鸿庆寺石窟造像最主要的破坏因素。

2. 风沙侵蚀

鸿庆寺石窟本体及所在岩体受风沙侵蚀影响，存在不同程度的表面风化剥落现象。

3. 植物与微生物滋生

鸿庆寺石窟造像本体上无苔藓等植物生长，所在洞壁也并无植物和苔藓，故鸿庆寺石窟基本上不存在植物与微生物危害。

4. 重力作用

鸿庆寺石窟所在山体开挖和植被破坏较为严重，且寺院紧邻陇海铁路，火车的震动也对石窟造像岩体、窟洞结构的稳定性有一定的威胁。

（二）人为破坏因素

1. 人为偷盗，刻画破坏

窟内“降魔变”浮雕中心窟龛被盗，多座造像佛头被凿，残损严重，所在窟壁多处人为刻画痕迹，文物本体损坏严重。

2. 不当建设

在石窟寺所依山体顶部新建的信号塔、信号设备房屋以及登山台阶的修建等未经文物部门审批，也未进行文物影响评估。对造像所在的山体及植被造成不同程度破坏的同时，对造像的地质稳定性也带来一定的潜在威胁。

3. 祭祀活动

窟壁上多处可见烟熏火燎痕迹，祭祀过程中的焚香、烧纸等行为对石窟安全有一定威胁。

四、评估结论

（一）真实性评估

鸿庆寺石窟 A 级为真实性较好，B 级为真实性一般。

（二）完整性评估

鸿庆寺石窟现存石窟为五个窟，第六窟已残损殆尽，现状整体布局不够完整；窟内造像及窟龛有局部残损，石窟所在山体有一定破坏；经考古勘探调查，未发现早期建筑遗址，寺院现存建筑均为后期建设，故完整性一般。

（三）延续性评估

从始建经历至今，鸿庆寺石窟在其自然环境侵蚀、人为破坏双重因素下，文物遗存产生了风蚀、坍塌、受潮、色变、剥落、断裂、盗窃等病害，对文物造成了不同程度的损伤，遗存本体的延续性较差。原寺院建筑虽多有文献提及，但具体布局不详，经考古勘探调查，未发现古文化遗迹存在。

第二节　防护设施现状评估

一、消防设施现状评估

火灾风险评估

鸿庆寺石窟为石质文物，其周围植被较繁茂，有一定火灾隐患。

消防设施

鸿庆寺石窟位于寺院内，寺院内消防设施极其简陋，设有灭火器一个，无消防栓。

评估结论

鸿庆寺石窟需加强消防设施及管理。

二、安防设施现状评估

（一）安防需求评估

鸿庆寺石窟存在人为盗窃威胁，有安防需求。

（二）安防设施

鸿庆寺石窟外围建有围栏，文物周边及寺院内并无监控设施，寺院山门有值班室，安防依赖于人员巡查。

（三）评估结论

鸿庆寺石窟安防设施有待完善，石窟洞口及寺院内都需要建立起电子化的安防设施。

三、防雷设施现状评估

（一）雷击风险评估

鸿庆寺石窟海拔较高，且周围林木众多，有一定防雷需求。

（二）防雷设施

鸿庆寺石窟无防雷设施。

（三）评估结论

鸿庆寺石窟有增加防雷设施的需求。

四、防灾设施现状评估

（一）灾害威胁评估

鸿庆寺石窟可能会有泥石流等灾害威胁。

（二）防灾设施

鸿庆寺石窟无任何防灾设施。

（三）评估结论

要完善防灾预警体系。

五、监测现状评估

鸿庆寺石窟现状没有环境、微环境状态的监测，同时缺乏对文物本体风化等病害状况、发展及原因的监测。

第三节　环境现状评估

一、周边环境现状评估

（一）鸿庆寺石窟的周边历史环境已有局部改变。西、北侧仍为白鹿山，保持较好；东侧为石佛传统村；南侧为鸿庆寺入口，门前有 035 县道，道路南临陇海铁路和涧河。

（二）鸿庆寺院内主要有相关建筑年久失修、排水堵塞、植被杂乱等问题，缺乏日常养护。

1. 鸿庆寺院内石窟东侧有建国后建设的一层和二层硬山建筑各一座，曾为石佛村学校，现为庙宇，建筑式样、色彩、风貌与文物遗存风貌协调，屋面、墙体局部残损破败。建筑东部为管理用房，四合院布局，建筑式样、色彩、风貌协调。

2. 入口大门局部瓦件脱落、油饰剥落、搏风版糟朽；围墙局部瓦件脱落，脊瓦佚失；院内西南角厕所环境脏乱，且式样不协调。

3. 院内入口两侧杂草丛生，野生灌木茂盛且杂乱；水系表层有漂浮物，水质有待净化。

4. 白鹿山上道路两侧局部杂草丛生，蔓延覆盖道路；道路两侧排水沟局部被山体垒土滑落堵塞；局部护坡有剥落现象，存在一定的安全隐患。

5. 无其他消防设施，只有一口消防专用土水井，水井无提水设备。

（三）鸿庆寺院外主要有涧河自然环境污染、石佛村环卫问题、建筑风貌不协调及维修失当等问题，对石窟本体直接或者间接造成了一定的损伤。

1. 陇海铁路南侧村民生活垃圾随意堆放，杂乱不堪。

2. 铁路南侧涧河由于上游煤矿排污造成水质污染严重，致使曾经的居民生息水源已荒废待治，河滩荒草萋萋，生态环境遭到严重破坏。

3. 石佛村为传统村落，其建筑式样及风貌大部分保存较好，个别建筑及沿 035 县道居民建筑外立面修缮失当，水泥抹面、勾白缝，风貌极不自然。

（四）鸿庆寺石窟所依的白鹿山自然环境保持良好，寺院内生态环境一般，需加强治理。周边环境较为杂乱，铁路、省道等不可抗拒因素对文物本体有较大损伤，环卫设施及清运管理工作有待加强。涧河污染及河道两侧生态环境污染严重，沿 035 县道居民建筑风貌改造失当。以上问题需政府加强综合管理和控制，完善基础设施，使文物赖以生存的环境得到优化，加强鸿庆寺石窟及附属文物的永续保护。

1. 虽建有垃圾集中回收屋，但未做隐蔽和规范处理，致使道路周边垃圾满地，破坏了生态环境，并有碍传统村落观瞻形象。

2. 寺前临 035 省道，居民用电电线乱扯乱拉严重，存在安全隐患，并影响观瞻形象。

（五）2019 年 4 月 30 日河南省测绘工程院对鸿庆寺周边陇海铁路及公路震动进行

监测，监测报告表明，陇海线铁路火车及公路汽车的行驶产生的震动对鸿庆寺石窟的影响可忽略不计，故陇海铁路的震动基本上不会对鸿庆寺石窟造成影响。详见《鸿庆寺石窟监测报告》。

二、交通道路评估

鸿庆寺门前道路义马市 035 县道，道路为水泥路路面，宽度为 6 米的水泥路，也是鸿庆寺联系外部的唯一道路。石窟的可达性好。

鸿庆寺院内道路与登山道路现状较好，山脚下村庄道路不规划，路面脏乱破旧。

三、土地利用现状评估

规划范围内总用地面积 26 公顷，以耕地、林地、村庄建设用地为主。

鸿庆寺石窟土地暂未纳入城市总体规划，用地性质不明确。

第三章　综合现状评估

第一节　管理现状评估

一、管理历程

1970 年之前由渑池县文物管理委员会管理。

1970 年 4 月，在义马矿区成立矿区革命委员会，设立文教卫组，组内设文化专干，主管文化工作。

1973 年该设文教组，设文化专干一人，负责人为张景龙。

1978 年 11 月设立矿区文化局，局长任玉逊。

1981 年 4 月，矿区文化局更名为义马市文化局，副局长王玉三负责。下设文物专干，孔祥勇负责文物保护管理工作。

1984 年 7 月机构改革，设立文化局长，孙文卿任局长。文化局下设文物专干，孔祥勇负责文物保护管理工作。

1985 年 1 月，义马市成立文物管理委员会，文化局局长孙文卿任办公室主任。

1994 年 4 月，成立义马市文物管理局，孔祥勇任局长。并同时成立鸿庆寺石窟文物保护所，编制 4 人，所长为郑建文。

1996 年 9 月，义马市文物管理局更名为义马市文物管理所，所长为孔祥勇，下设鸿庆寺石窟保护所。

2001 年，义马市文物管理所与文化、新闻出版、外事、旅游合并，成立义马市文化旅游局，彭百顺任局长。

2004 年，高新超任局长。下设义马市文物管理所编制 2 人，所长为周润奇。并有鸿庆寺石窟保护所，编制 2 人。石窟现场有日常文物义务保护员游建林、李胜利二人。

2012 年，平曙光任义马市文物管理所所长，编制 1 名为董昌武。石窟现场有日常文物义务保护员游建林、李胜利二人。

二、文物保护管理

文物“四有”档案较为齐备。

建设了管理用房，建立了安防监控系统，并已完成了一定的文物保护管理工作。

鸿庆寺石窟归鸿庆寺石窟保护所管理，上级管理机构为义马市文化旅游局管理。目前编制 2 人，业余文物保护员 2 人，鸿庆寺石窟石窟的安全保卫以安防、人防为主。

三、管理状况评估

（一）保护标志牌

在鸿庆寺寺院大门前的道路节点处立有市级文物保护单位石质保护标志牌一个，标志牌形式合乎规范。

（二）保护机构

鸿庆寺石窟由义马市新闻广电出版局管理，缺乏文物保护专业人员现场办公；缺乏严格、全面、系统、科学、有效的文物保护规章制度；保护区划不够科学，导致管理执行难度较大，难以达到充分的保护监督作用，给实际操作带来困难。文物管理方面存在不足。

四、原保护区划存在问题

（一）原保护区划

保护范围：以第五窟为坐标原点，向东 150 米至李家大院南北路，向北 150 米；向西 266 米，向南 220 米至涧河北沿；

建设控制地带：以保护范围为基点，向北扩 300 米；向东扩 500 米；向西扩 500 米，向南扩 1000 米；包括白鹿山、青牛山、钟岭山。

（二）问题

原保护区划分为保护范围和建设控制地带。但是由于保护区划划定的边界线不够详尽，较为生硬，只是以简单距离为边界，且建设控制地带范围过大，没有考虑地形地貌及空间格局，缺乏可操作性，导致管理执行难度较大，保护监督作用较小，也不利于对文物科学有效的保护，给实际操作带来困难。

五、评估结论

鸿庆寺石窟有独立的管理机构，但缺乏文物保护专业人员现场办公；缺乏严格、全面、系统、科学、有效的文物保护规章制度；保护区划不够科学，导致管理执行难度较大，保护监督作用较小，给实际操作带来困难。

第二节　利用现状评估

未进行有效展示。

主要问题有：鸿庆寺石窟有可展示的文物本体和文化内涵，目前已对外开放，但由于缺乏基础设施和相应系统的、科学的展示方案及路线，也没有与石佛传统村落更好的协调展示，所以未能吸引更多的游客参观展览，也未将文物价值完全展示与众。文物安全防范措施及相应的应急预案和科学文化教育宣传都更为缺乏。

第三节　研究现状评估

目前，对鸿庆寺石窟在造像本体研究、石窟历史研究、石窟雕凿技术研究和石窟保护技术等方面的研究尚未开展，研究基础较为薄弱，留下了较大的研究空间，主要表现在：

对鸿庆寺石窟尚未进行科学的现状测绘。

对鸿庆寺石窟的历史尚缺乏深入的研究。

对鸿庆寺石窟与河南、山东地区其他石窟未开展对比研究。

对鸿庆寺石窟的造像特征、雕凿工艺尚未开展相关研究。

对附属文物、窟前建筑布局、石窟与窟前建筑的关系尚未开展相关研究。

对鸿庆寺石窟在石窟防水、防风化方面尚未开展有针对性的专项研究。

第四章　评估分析图

第一节　窟龛造像及窟壁病害评估图

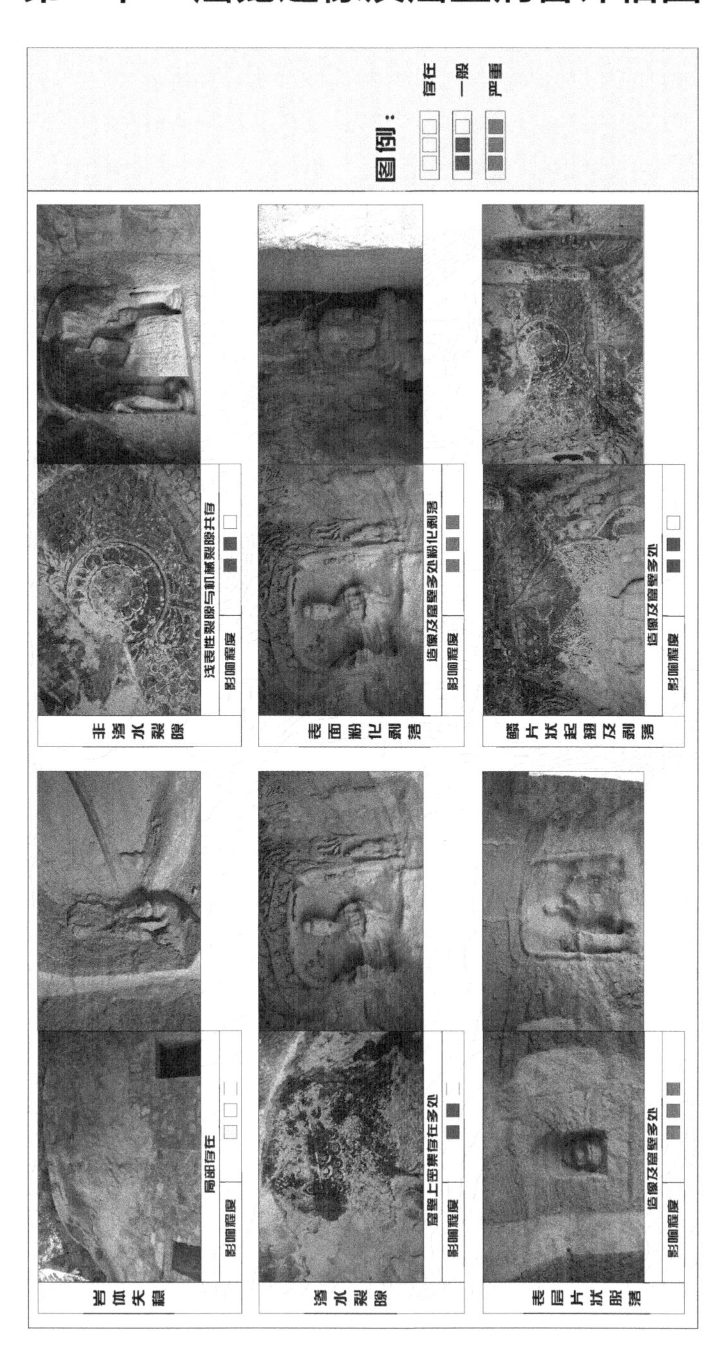

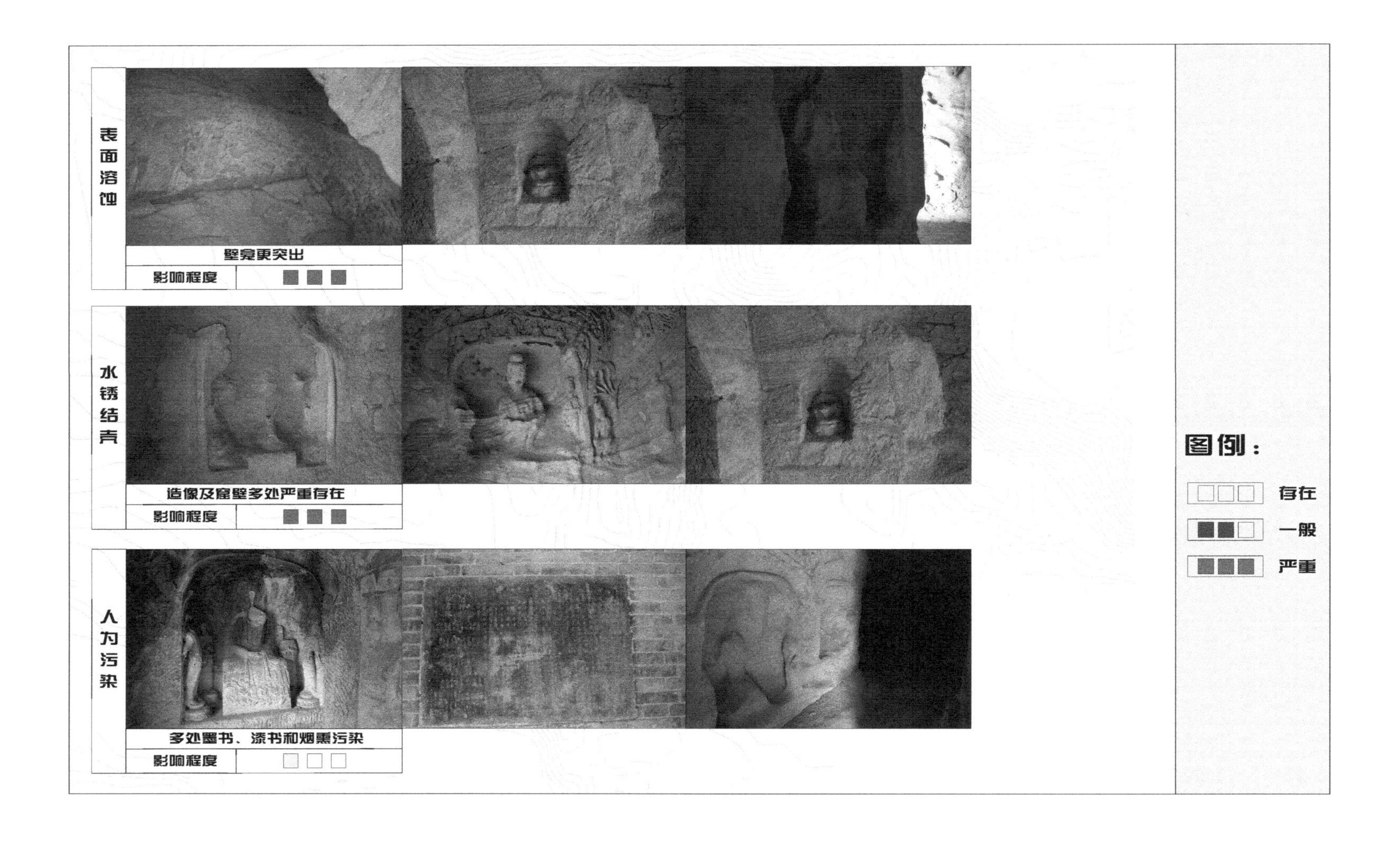
表面溶蚀
壁龛更突出
影响程度
水锈结青
造像及窟壁多处严重存在
影响程度
人为污染
多处墨书、添书和烟熏污染
影响程度
图例：
存在
一般
严重

第二节　一号窟现状评估图

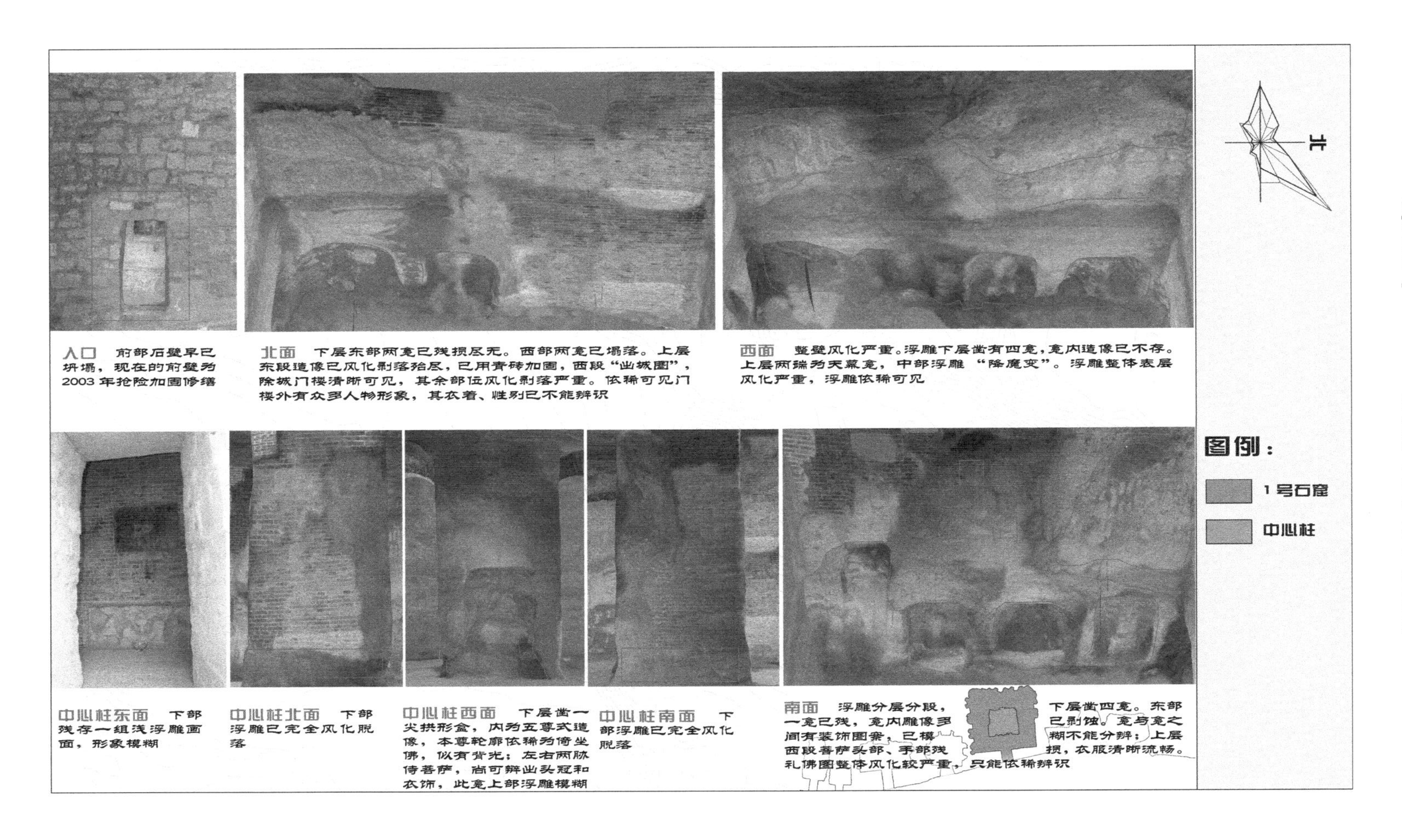

第三节　二号窟现状评估图

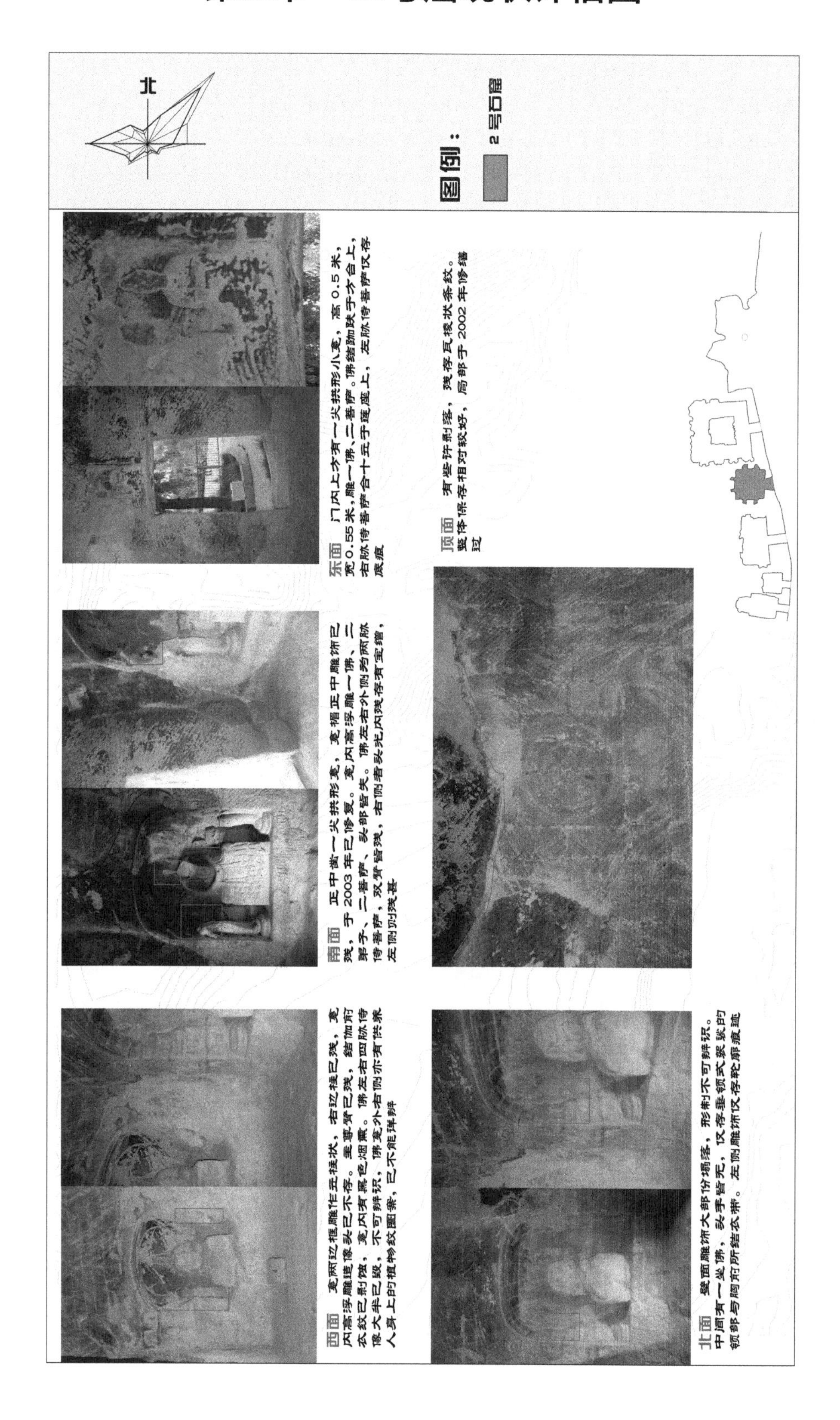

第四节　三号窟现状评估图

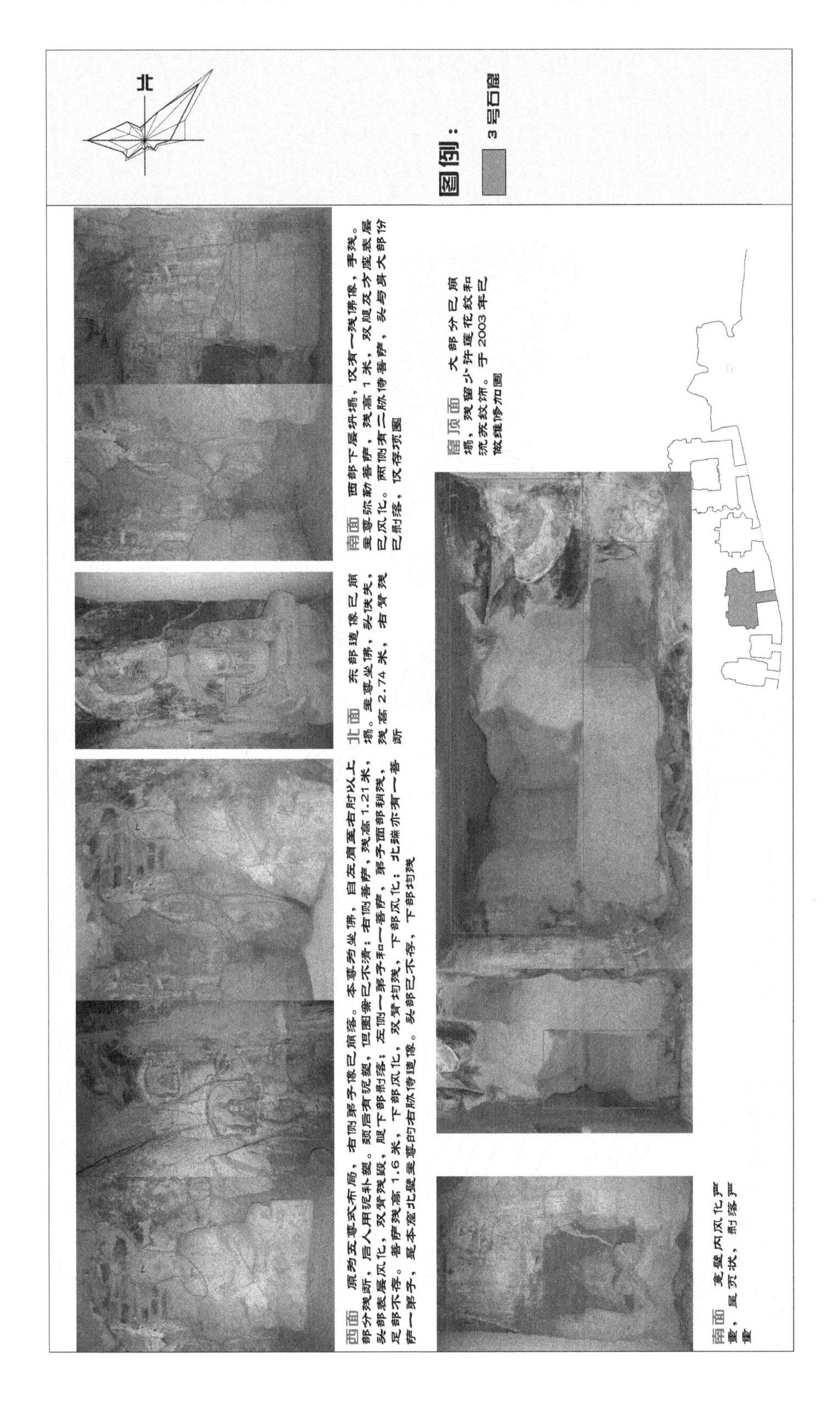

第五节　四号窟现状评估图

第六节　五号窟现状评估图

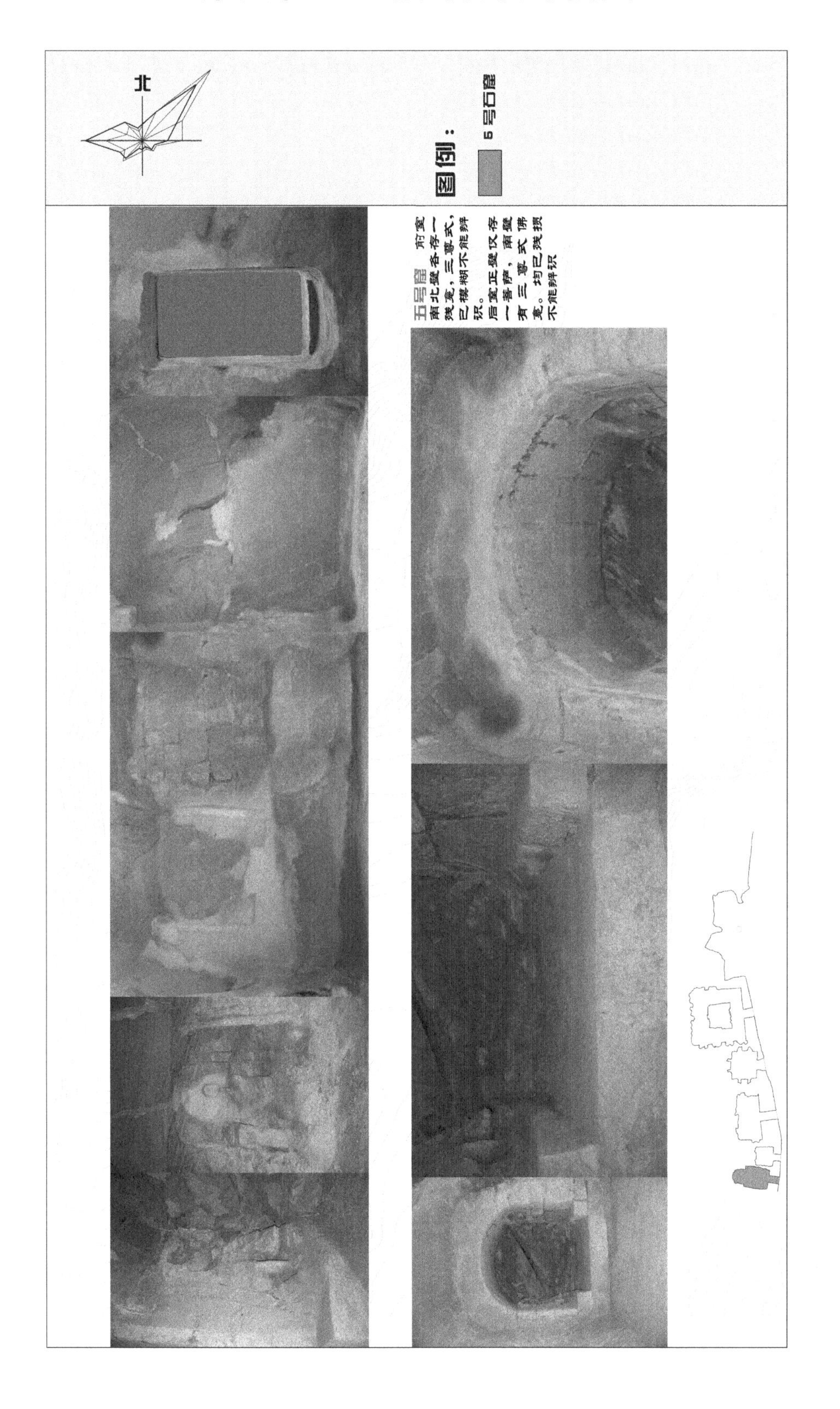

第七节　附属文物现状评估图

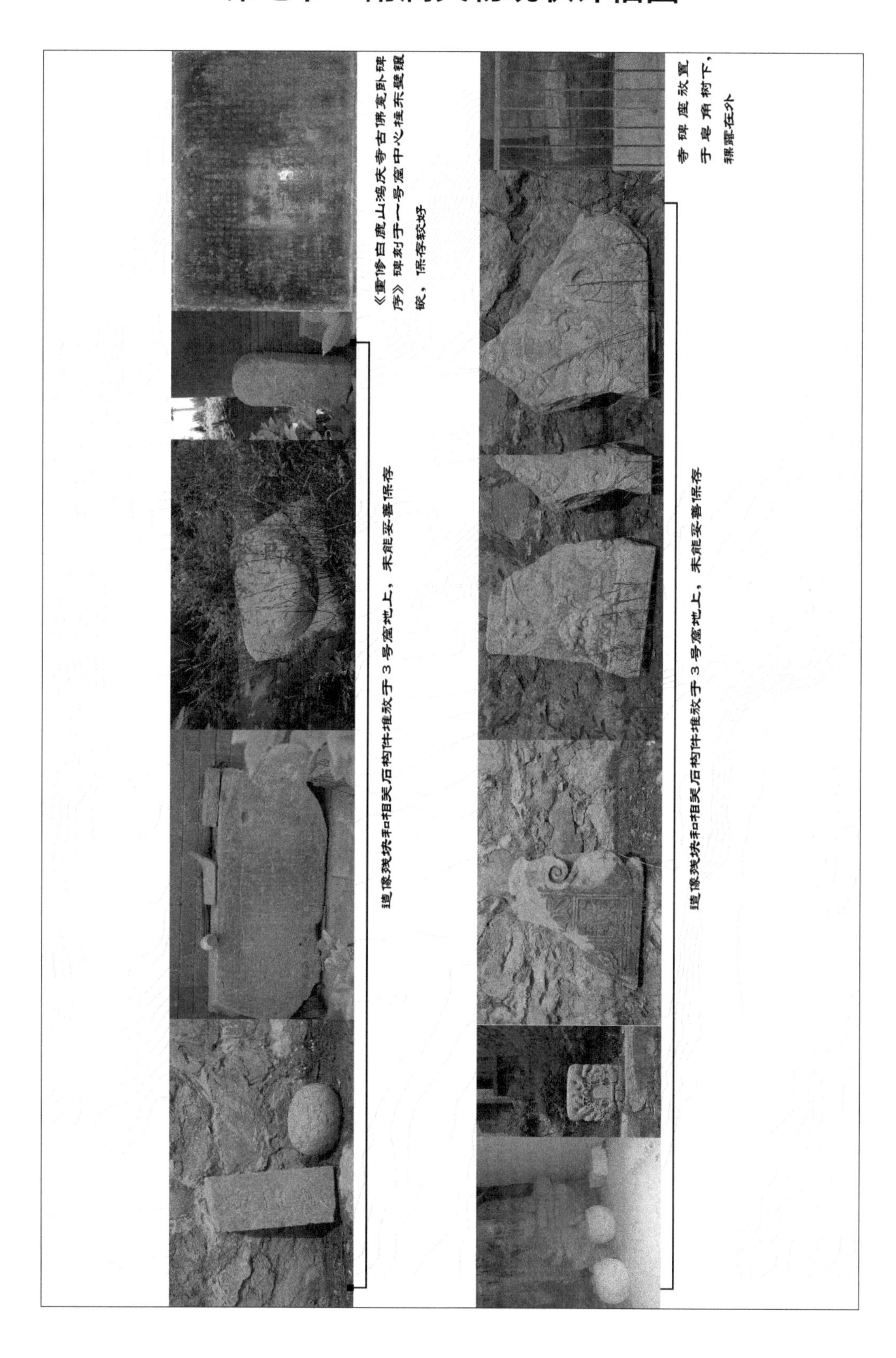

第八节　院内环境现状评估图

■■鸿庆寺山门年久失修，搏风板糟朽严重，油漆剥落

■■建国后修建的二层硬山学校建筑（现为庙宇）墙体和屋面残损破败

■■建国后修建的一层硬山建筑墙体和屋面残损破败

■■后建管理房保存完好筑式样、色彩、风貌协调

■■后建卫生间保存完好，但风貌严重不协调

■■院内水系表层有漂浮物，水质有待净化

■■围墙局部瓦件脱落，脊瓦佚失

■■院内入口两侧杂草丛生，野生灌木茂盛目杂乱

■■白鹿山上山道路；道路两侧排水沟局部被山体垒土滑落堵塞；局部护坡有剥落现象

■■院内无其他消防设施，只有一口消防专用土水井，水井无提水设备

第九节 院外环境现状评估图

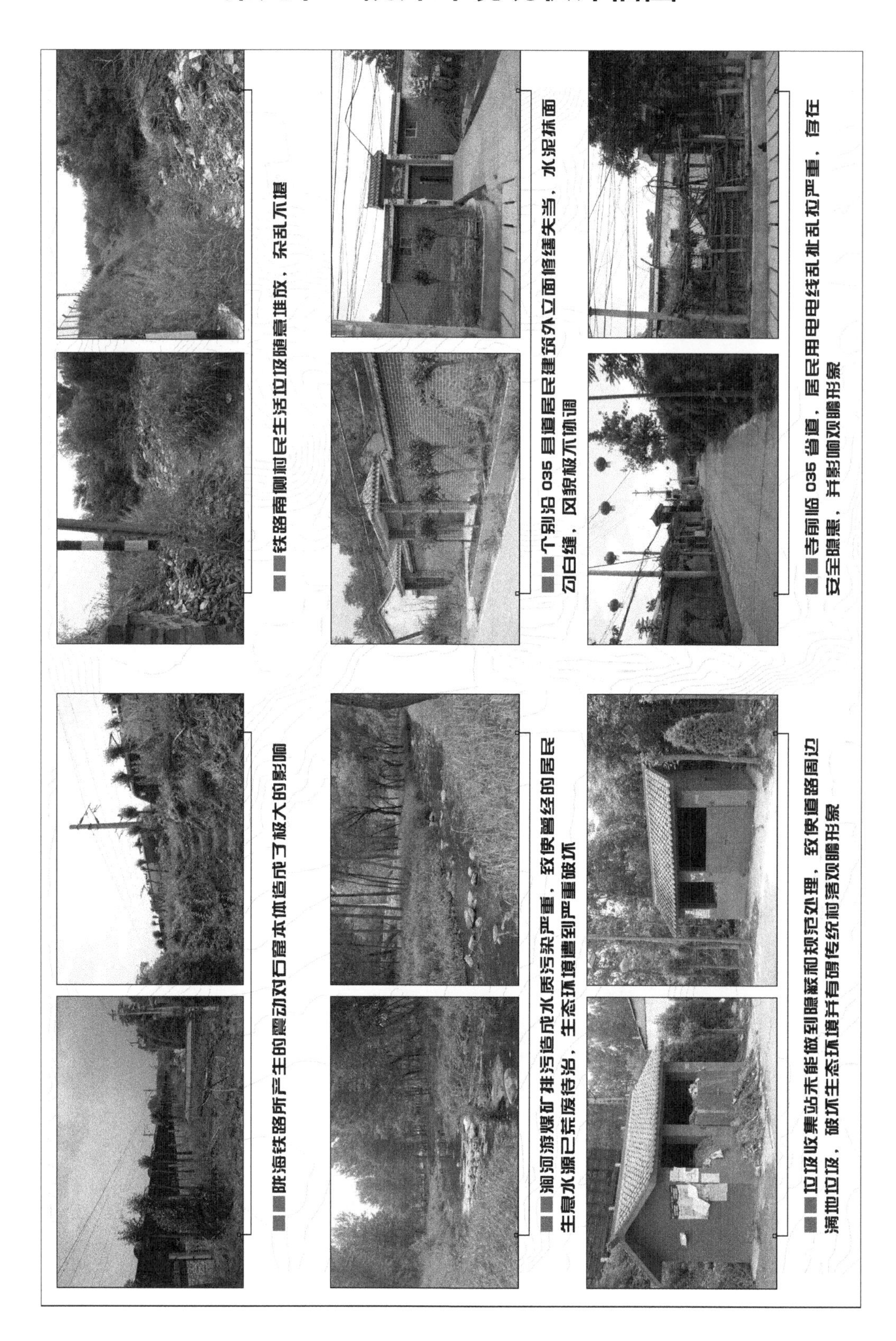

第十节　石窟所在山体评估图

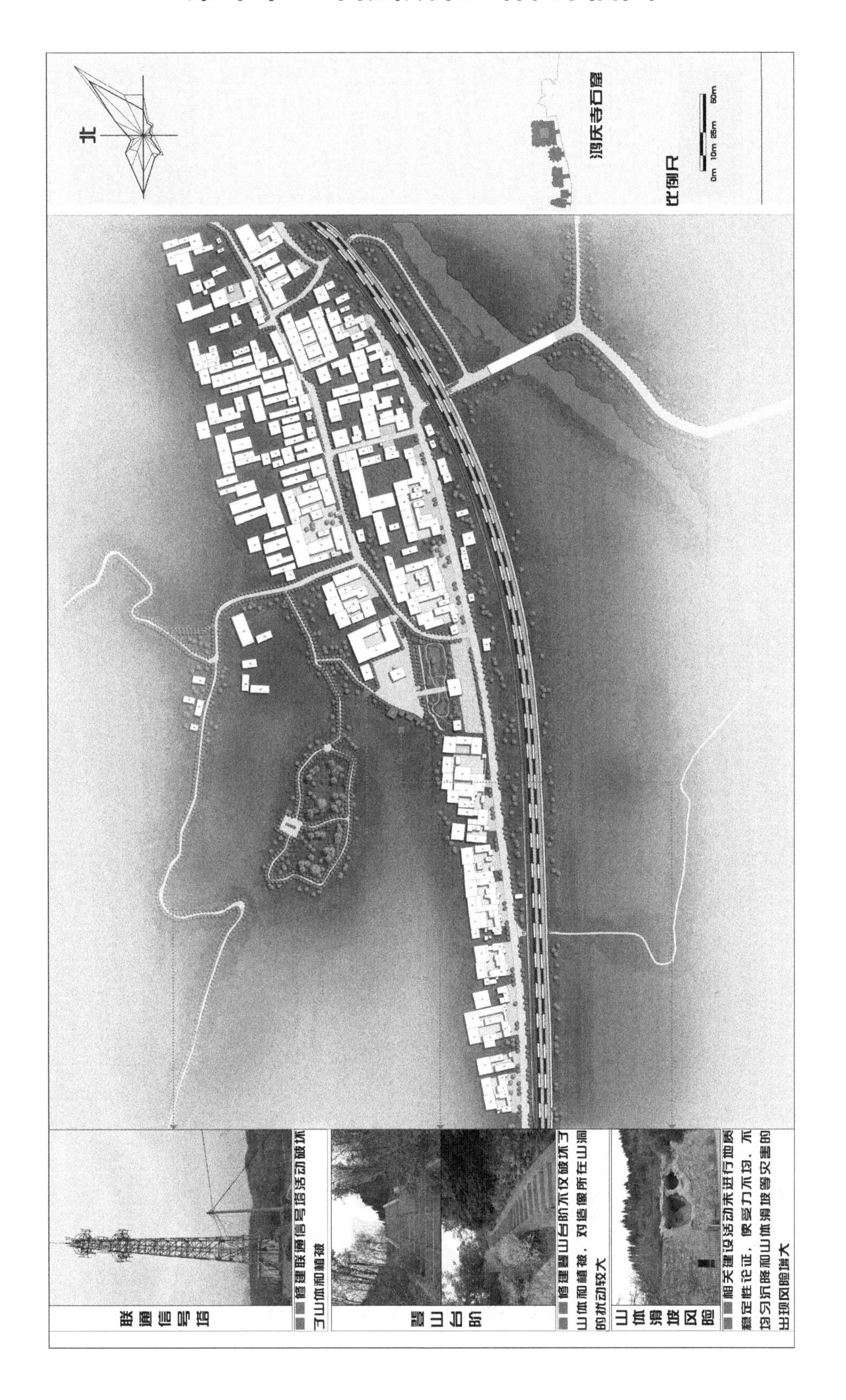

第十一节　管理及利用现状评估图

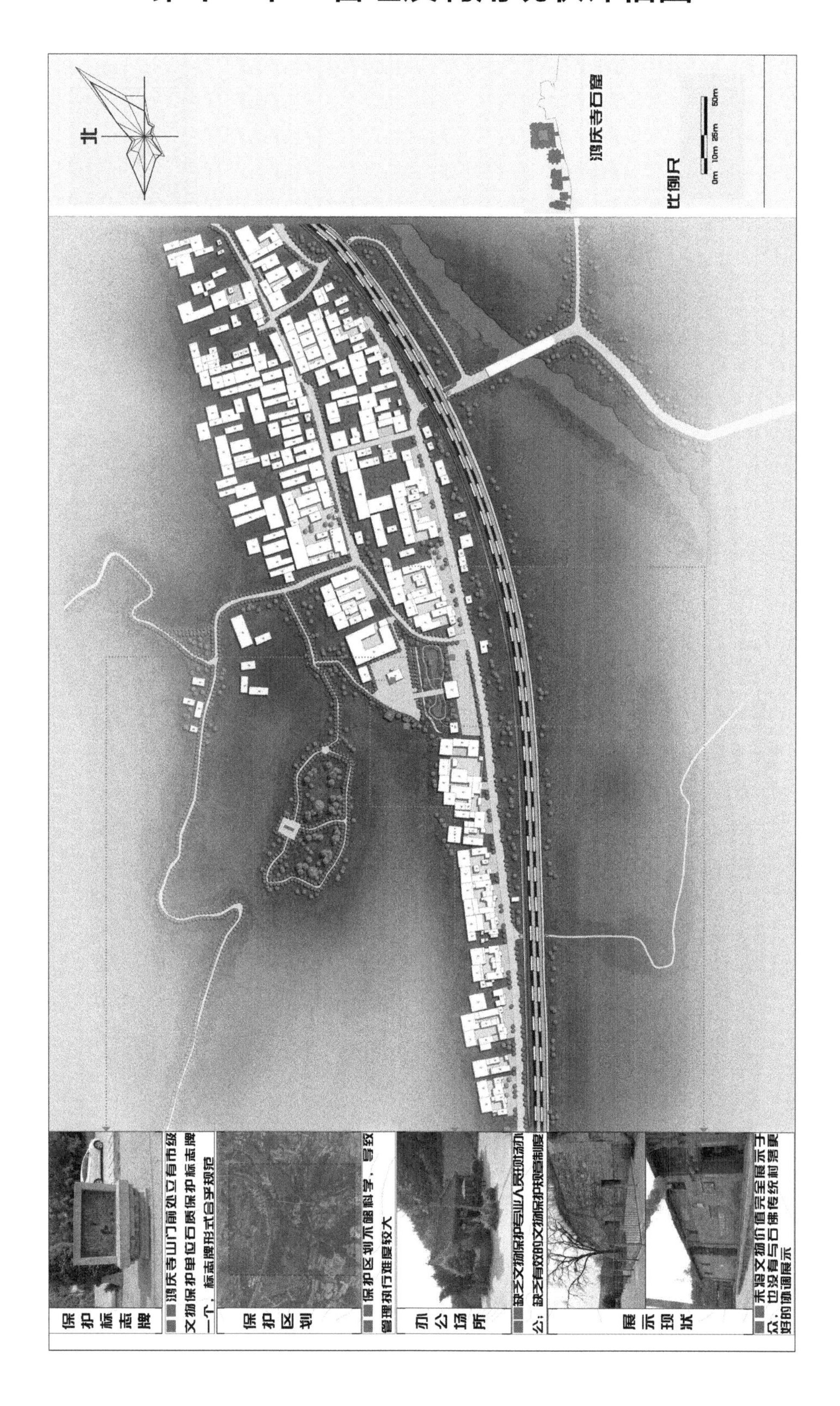

第十二节　道路交通现状评估图

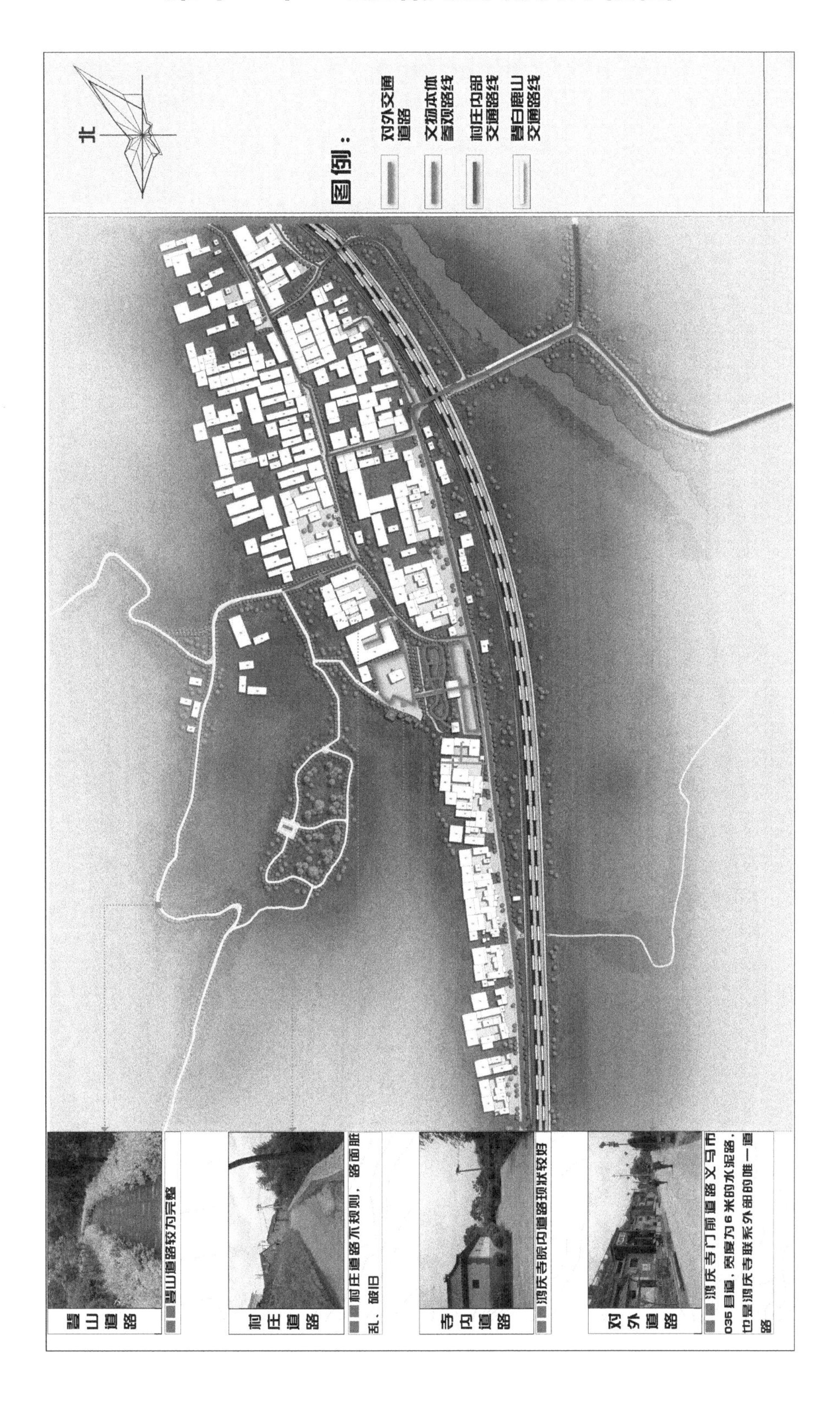

第十三节　原保护区划评估图

规划篇

第一章　规划条文

第一节　规划总则

一、编制背景

河南省义马市鸿庆寺石窟为第五批全国重点文物保护保护单位。为有效地保护鸿庆寺石窟的真实性、完整性和延续性，使其科学、合理、适度地发挥其在构建和谐社会中的积极作用，统筹安排各项建设活动及保护工程，特按照《全国重点文物保护单位保护规划编制审批管理办法》要求，编制本规划。

二、适用范围

《鸿庆寺石窟文物保护规划》是在按照国家文物保护行政法规与技术规范，同时遵循国家文化遗传保护、生态环境保护、文化旅游等方面相关法规的基础上编制的鸿庆寺石窟及其历史环境的文物保护专项规划。根据《全国重点文物保护单位保护规划编制审批办法》第五条的规定，本规划应作为该地区的各级总体规划、详细规划和相关专项规划编制的依据和基础，并将相关条款纳入上述规划中。

三、指导思想

坚持“保护为主，抢救第一，合理利用，加强管理”的文物工作方针，加强和改善鸿庆寺石窟及其所在区域的文物保护工作；正确处理文物保护与城镇发展及建设的关系、文物保护与展示利用的关系，促进国家文物保护事业的可持续发展。

力图在编制中充分体现文物本体、历史环境与现存环境的相互内在联系，将鸿庆寺石窟的文化遗址与其相关环境作为整体进行保护，不仅满足文物本体保护的需要，在保证文物本体及其历史环境的真实性、完整性、安全性的同时，充分发挥它们的社会价值，实现社会的整体科学发展。

四、规划性质

全国重点文物保护单位的文物保护专项规划，属于国家文物资源性保护规划。

五、编制依据

（一）国家相关法规文件

1.《中华人民共和国文物保护法》（2015 年 4 月 24 日第十二届全国人民代表大会常务委员会第十四次会议通过修正版）

2.《中华人民共和国环境保护法》（2014 年 4 月 24 日第十二届全国人民代表大会常务委员会第八次会议通过修正版）

3.《中华人民共和国文物保护法实施条例》（根据 2013 年 12 月 4 日国务院第 32 次常务会议《国务院关于修改部分行政法规的决定》修订版）

4.《中华人民共和国城乡规划法》（2015 年 4 月 24 日，第十二届全国人民代表大会常务委员会第十四次会议通过修改）

5.《中华人民共和国土地管理法（修正）》（根据 2004 年 8 月 28 日第十届全国人民代表大会常务委员会第十一次会议《关于修改〈中华人民共和国土地管理法〉的决定》第二次修正版）

6.《全国重点文物保护单位保护规划编制审批办法》和《全国重点文物保护单位保护规划编制要求》（国家文物局文物办发〖2004〗46 号）

7.《传统工艺美术保护条例》（1997.5）

（二）地方相关法规文件

河南省实施《中华人民共和国文物保护法》办法（2010 年 5 月 28 日河南省第十一届人民代表大会常务委员会第十五次会议通过）

（三）国际相关法规文件

1.《国际古迹保护与修复宪章》（1964）International Charter for the Conservation and Restoration of Monuments and Sites (The Venice Charter)

2.《奈良真实性问题文件》（1994）The Nara Document on Authenticity (Nara Conference on Authenticity in Relation to the World Heritage Convention)

3.《保护世界文化与自然遗产公约》(1972)(世界遗产公约) Convention Concerning the Protection of the World Cultural and Natural Heritage

4.《关于保护景观和遗址风貌与特征的建议》(1962年在巴黎通过)

六、规划年限

年限与地方社会经济发展规划相一致，为12年。分为近、中、远三个阶段。

近期：2020—2021年，两年；

中期：2022—2026年，五年；

远期：2027—2031年，五年。

七、规划范围

规划范围约26公顷。以鸿庆寺石窟1号窟为中心点，东至石佛村东边缘，约325米；西至石佛村西边缘，约280米处道路；北至白鹿山底，约220米；南至涧河南岸，约275米。

第二节　保护规划原则与目标

一、保护规划原则

(一)统一原则

坚持《中华人民共和国文物保护法》提出的“保护为主，抢救第一，合理利用，加强管理”的文物工作方针，将文物保护工作“纳入经济建设发展规划，纳入城市建设规划，纳入社会发展规划，纳入各级领导责任制”。

(二)全面保护原则

通过立法制定具体的措施，达到文化遗产本体保护与环境保护、科学研究保护相结合；政府主导专业人员保护、民众参与保护相结合的良性循环机制。

(三)科学动态保护的原则

考虑到鸿庆寺石窟及附属文物历史文化遗产内涵丰富，保护需要坚持科学的保护观，实事求是，突出重点，因地制宜，讲求实效，建立动态管理机制。

（四）多手段保护原则

针对鸿庆寺石窟及附属文物的分布集中，内容丰富，且地形特殊，制定多种保护手段：恰当的保护监测预防措施和维修措施、标志标识措施、展示措施、研究措施，最大限度保护历史文化遗产的真实性、完整性、可读性、可持续性。

（五）文物本体保护原则

必须原址保护；尽可能减少干预；保护现存实物原状与历史信息；按照保护要求使用保护技术，保留和使用原材料、原工艺；保护措施应具备可逆性；所采取的保护措施以延续现状、缓解损伤为主要目标，正确把握审美标准。凡涉及文物本体的保护工程，必须严格遵守国家有关保护工程要求，执行“不改变文物原状”“最小干预”原则。维修保护工程必须确保文物安全，方案必须经国家文物局批准。

（六）相关环境保护原则

在保存真实历史信息的原则指导下，进行环境整治，注重文物本体和相关环境的整体保护。

二、保护规划目标

真实、全面地保存并延续鸿庆寺石窟的历史信息及全部价值。所有保护措施都必须遵守不改变文物原状的原则。制定科学合理的石窟本体保护措施、石佛传统村落环境整治措施、白鹿山涧河自然生态环境整治措施，改善鸿庆寺石窟所在区域大生态环境系统，使文物保护与石佛村传统村落发展相协调，打造鸿庆寺石窟与传统村落和谐共生的文物保护区。

三、基本对策

（一）调整保护区划

按照石窟完整性要求和保护工作可操作性需要，调整保护区划。

（二）加强管理规定的力度与量化指标

编制并公布相应的管理规定和保护管理条例，量化指标，确保石窟环境良性发展。

（三）科学保护石窟与环境

根据评估结果，制定保护措施，重点解决石窟与环境正面临的污染与变色、风化脱落、裂隙、植物与微生物生长、人为刻画、祭祀活动等主要问题。

（四）统筹规划管理与利用

改变单一保护管理工作模式，统筹保护管理和展示利用工作，规划建立适合鸿庆寺石窟的管理与利用相结合的工作机制与方法。

（五）推进科学研究的深度与广度

结合研究现状评估构建科学研究体系，深入研究鸿庆寺石窟的遗存本体及其价值，推进对其进行综合研究的深度与广度。

第三节　保护区划与保护管理要求

一、保护级别

2001 年被国务院公布为第五批全国重点文物保护单位。

二、保护区划

根据现场勘察，文物遗存分布情况如下：文物本体由六个洞窟构成，依山势高低开凿，南北横向排列，座西朝东，自北向南分别标记为一窟、二窟、三窟、四窟、五窟、六窟，第六窟现已风化殆尽，石窟分布较为集中。

原保护范围和建设控制地带虽然满足文物本体保护控制需求，但建设控制地带范围过大，涉及 1 千米外的青牛山、钟岭山两座山，距离较远，范围较广，不能有效地控制和管理；保护范围未能按地形地貌和空间格局划定，简单的以距离切割山体、水系及居民建筑。

综上所述，根据文物遗存分布情况和将周边环境勘查研究作为区划调整依据，划定的保护范围与建设控制地带以地物地标、水域边界、山脊线等易识别与管理的参照物作调整。以此划界，可操作性比原保护区划更科学合理，且目标明显，易管理巡查。具体如下：

保护区划定为保护范围、建设控制地带两个级别，呈不规则块状，总面积约 26 公顷。

保护范围，面积：约 5.5 公顷。

（一）划分依据

根据下列因素对鸿庆寺石窟现行的保护区划边界进行调整：

1. 石窟保存现状与评估结论；

2. 石窟保护的完整性和安全性要求；

3. 实施保护管理的有效性和可操作性，及规划实施管理的可行性。

（二）保护区划调整

原保护范围区域过大，可操作性较差，不尽科学。经过对文物分布情况及相关要素分析和对文物周围环境的实地勘察，结合地形地貌，把保护区划调整为具备可操作、可实施、能有效保护文化遗产的保护区划，调整如下：

1. 保护区划定为保护范围和建设控制地带两个级别。

2. 保护区划根据文物遗存分布情况，结合地物地标制定。保护区划呈不规则块状，总面积约 26 公顷。

3. 保护范围

四至坐标点：

西：以一号窟为中心点，西至白鹿山顶西脊线，距离约 163 米处。具体坐标如下：

A 点（X=3842.818，Y=588.739）

B 点（X=3842.650，Y=588.744）

C 点（X=3842.610，Y=588.750）。

注：以上坐标为北京 54 坐标系。

南：以一号窟为中心点，南至陇海铁路北边线，距离约 90 米处，与西坐标线相交于 C 点。具体坐标如下：

C 点（X=3842.610，Y=588.750）

D 点（X=3842.617，Y=588.904）

E 点（X=3842.642，Y=589.025）

注：以上坐标为北京 54 坐标系。

东：以一号窟为中心点，东至石佛村南北路，距离约 100 米处，与南坐标线相交于 E 点。具体坐标如下：

E 点（X=3842.642，Y=589.025）

F 点（X=3842.729，Y=589.001）

G 点（X=3842.820，Y=588.970）

注：以上坐标为北京 54 坐标系。

北：以一号窟为中心点，北至白鹿山北部道路处，距离约 130 米，与东坐标线相交于G点，与西坐标线相较于A点。具体坐标如下：

G点（X=3842.820，Y=588.970）

H点（X=3842.830，Y=588.900）

I点（X=3842.838，Y=588.843）

J点（X=3842.862，Y=588.778）

K点（X=3842.845，Y=588.762）

L点（X=3842.806，Y=588.769）

A点（X=3842.818，Y=588.739）

注：以上坐标为北京54坐标系。

保护范围面积约为5.5公顷。

4. 建设控制地带：

四至坐标点

西：自保护范围西边界线向西至石佛村西边界处，距离约110米。具体坐标如下：

a点（X=3842.902，Y=588.637）

b点（X=3842.637，Y=588.631）、

c点（X=3842.429，Y=588.639）。

注：以上坐标为北京54坐标系。

南：自保护范围南边界线向南至涧河南岸，距离约190米，呈弧线状，与西边界线相交于c点。具体坐标如下：

c点（X=3842.429，Y=588.639）

d点（X=3842.426，Y=588.825）

e点（X=3842.456，Y=588.992）

f点（X=3842.548，Y=589.101）

g点（X=3842.608，Y=589.144）

h点（X=3842.686，Y=589.226）

注：以上坐标为北京54坐标系。

东：自保护范围东边界线向东至石佛村东边界处，距离约200米，与南边界线相交于h点。具体坐标如下：

h点（X=3842.686，Y=589.226）

i 点（X=3842.715，Y=589.226）

j 点（X=3842.751，Y=589.197）

k 点（X=3842.783，Y=589.226）

l 点（X=3842.826，Y=589.226）

m 点（X=3842.926，Y=589.212）

注：以上坐标为北京 54 坐标系。

北：自保护范围北边界线向北至白鹿山北边界，距离约 80 米，与东边界线相交于 m 点，西边界相较于 a 点。具体坐标如下：

m 点（X=3842.926，Y=589.212）

n 点（X=3842.925，Y=589.064）

a 点（X=3842.902，Y=588.637）。

注：以上坐标为北京 54 坐标系。

建设控制地带面积约为 20.5 公顷。

三、管理规定

（一）保护区划统一管理规定

1. 划定的保护范围和建设控制地带按照《中华人民共和国文物保护法》及相关法律法规文件执行管理。

2. 有关保护区划、管理规定等强制性内容的变更必须按照《河南省文物保护条例》等相关规定要求报河南省人民政府备案。

3. 石窟保护范围和建设控制地带内的考古发掘、保护工程、建设工程等项目必须遵守《中华人民共和国文物保护法》等有关法规的规定，并按法定程序办理报批审定手续，实行资质管理。

4. 保护保护范围和建设控制地带内的自然环境，不得建设任何污染石窟及其环境的设施，不得进行可能影响石窟安全及其环境的活动。

（二）保护范围管理规定

1. 保护范围内的土地性质变更为文物古迹用地，并设置永久性界桩。

2. 被征为文物古迹用地的土地归文物管理部门管理，任何单位或个人不得侵占、挪用。

3. 在范围内的文物保护工程的设计、审批和施工必须按照国家文物局有关工程管理的相关规定，办理报批程序、执行资质管理。

4. 在范围内不得进行任何与保护无关的其他建设工程或者爆破、钻探、挖掘等作业。

5. 范围内与石窟保护或展示无关或对石窟环境造成危害的建筑物、构筑物和道路等设施应限期予以整治或拆除。

6. 范围内不得擅自加固、或建设。当需维修加固时，应按《文物保护法》规定履行报批，报请文物主管部门批准。

7. 范围内现有非文物建筑物只允许维修和改建，不得扩建和加高。维修和改建的房屋建筑保持坡屋顶，式样应与文物环境协调。

8. 范围内文物本体以外用地，不准用于建设，可做为生态绿化。

9. 保护范围内原有道路格局不允许随意变更，如需变更应报请文物主管部门批准。

10. 范围内按规划的用地功能，搬迁保护范围内与文物保护无关的违章建构筑物。

（三）建设控制地带管理规定

1. 严格保护本地带内的环境，禁止任何与石窟保护与展示无关的建设活动，建设项目按照要求在建设行政部门办理报批程序，在批准前要经文物行政部门同意。

2. 本地带内对石窟环境造成危害的建筑物、构筑物和道路等设施应限期予以整治或拆除。

3. 保持本地带内地形地貌的真实性和完整性，严禁破坏山体的活动，对已经被破坏的山体经论证后采取相应的恢复、加固或清理等措施。

4. 本地带内在规划期内采用全封方式进行封山育林，禁止采伐、砍伐、放牧、割草和其他一切不利于植物生长繁育的人为活动。

5. 封育结合，尽量恢复本地带内的植被，增加绿化覆盖面积，防止水土流失、山体滑坡等灾害的发生。

6. 切实保护本地带内的耕地，严格控制耕地转为非耕地，禁止占用基本农田发展林果业和挖塘养鱼。

7. 本地带内结合景观环境保护要求，所有建筑物、构筑物的建筑高度（室外地平至屋脊高度）应控制在 9 米以下，建筑容积率不应大于 0.2，建筑密度不应大于10%。

8. 严格控制本地带内民居的新建、翻建与维修，建筑体量、形式、色彩等与鸿庆寺石窟的历史环境相协调；对现有不符合要求的建筑物、构筑物逐步改造或拆除。

9. 严格限制其他建设活动，包括架高压线、通讯塔等，严禁树立大型广告牌等，保持本地带内的农田景观，保持鸿庆寺石窟的历史环境氛围。

10. 本地带内加强环境卫生，严禁随意倾倒垃圾，完善垃圾集中回收站。

（四）保护区划禁用材料

1. 在建设控制地带内，各类改造和更新的建筑严禁使用色彩、形式与文物和传统建筑不相符的现代材料。

2. 保护区划内新建与改建建筑的色彩不宜过于鲜艳和突出。

第四节　文物本体保护规划

一、保护原则

1. 对文物本体实施的各类保护措施，必须遵守不改变遗存原状的原则，以及最少干预、可识别性、可逆性的原则。原状指保护对象中一切有历史意义的信息。

2. 保护工程前首先应对所在区域进行调查，探明情况后，方可进行保护工程。

3. 实施的各类措施必须尊重原来的形制，包括原有的平面布局、造型、雕刻技艺和艺术风格。

4. 若确需恢复已塌毁的文物建筑时，必须根据需要与可能，并具备可靠的历史考证和充分的技术论证，方可实施。

5. 所采取的保护措施以延续现状，缓解损伤为主要目标，正确把握审美标准。

二、本体保护措施

（一）整治失稳岩体

聘请专业机构对鸿庆寺石窟所在窟洞与山体的岩体稳定性进行评估，对易滑落的石块进行清理，对失稳的岩体进行加固。

（二）裂隙治理

采用灌浆方法对窟龛造像及窟壁上的浅表性裂缝进行填充粘接；采用机械加固的方法对窟龛造像及崖壁上的非渗水机械裂隙进行力学加固。

对于窟壁上存在渗水现象的裂隙，需要在对裂隙进行力学加固、确保岩体稳定性的基础上加强裂隙渗水的治理。

（三）裂隙渗水治理

通过详细地质勘察、模拟人工降雨、地质雷达勘察、建立水文地质模型分析等勘察分析工作，确定鸿庆寺石窟地质结构的特点，明确渗水裂隙的种类（层面裂隙、卸荷裂隙、节理裂隙）、规模和走向，查明裂隙渗水的渗流途径、水源影响区域，研究鸿庆寺石窟裂隙渗水的病害机理。

裂隙渗水的治理优先考虑截断、疏导渗流途径中的水流，由渗流途径解决水源。通过截断渗流途径，防止水沿渗流通道渗流到石窟；或将渗流通道的渗水引流泄掉，达到治理裂隙渗水的目的。

（四）顶部防渗

鸿庆寺石窟所在山体无长年地表水系，除大气降水形成的暂时性地表径流及大气降水的入渗补给外，无其他补给水源，大气降水是石窟渗水的主要补给水源。因此，鸿庆寺石窟防渗应主要围绕防止大气降水的下渗展开。

石窟防渗治理应坚持以排为主、防排结合的原则。防止大气降水下渗有两种方式：一种为排水，即将大气降水形成的地表径流尽可能快和尽可能多地排出窟区，防止或减少大气降水的下渗；一种为防渗，即设置防渗层，切断大气降水的下渗路径，使下渗的水分尽量少地穿透防渗层，并通过防渗层上的导流层排人排水沟，最终排出窟区，或以蒸发的方式排泄。

1. 修建排水系统

在石窟所在崖体顶部修建排水道，并铺设引水管网，使大气降水形成的地表径流尽可能快和尽可能多地流排泄掉，尽量减少雨水的下渗（拦蓄墙的密度及修建长度以实际工程方案为准）。

2. 铺设防渗层

防渗层可以有效减少雨水深入山体形成裂隙渗水，石窟所在山洞顶部至崖体顶部应作为重点铺设范围，防渗材料可选用膨润土防水毯（防渗层具体铺设范围及材料选用以实际工程方案为准）。

（五）表面清洗

去除窟龛造像及所在窟壁表面附着的风化物、沉积的污染物等有害物质，使造像及窟壁的原有风貌尽可能地得以恢复。

（六）清理污染及刻画

造像本体及所在窟壁存在表面污染与变色、人为刻画等问题，需要采取清洗、恢复等措施予以清理，并通过加强管理，采取相应的预防措施等，防止污染和刻画的再次发生。

（七）整改不当建设

拆除石窟所在山体顶部信号塔及房屋，在确保文物安全的基础上，可考虑在远离石窟本体处设置。

对窟前建筑遗迹进行科学的考古发掘和清理工作，使其最大程度地真实反映窟前建筑的历史格局。

（八）整改上山道路

将鸿庆寺石窟后门作为白鹿山上山道路的起点与终点，形成顺时针观光环线。

（九）开展防风化对策专项研究

防风化是石窟保护的重要组成部分，也是石窟保护的一个难题，目前普遍采用的使用表面防护材料（包括有机聚合材料、无机化学材料、有机与无机复合材料等）治理石窟风化的效果并不理想，石窟防风化仍是一个有待攻克的技术难关[①]。

应加强鸿庆寺石窟防风化的相关研究：在研究风化形态的基础上，进行风化成因分类，然后根据气象要素、水害及潮湿环境的长期监测与分析，按石窟风化的深度系统取样，并进行岩石物理力学性质试验，岩石氧化物的化学分析，薄片鉴定及风化产物的物质成分分析。找出石雕风化的主要病因后，采用点荷载强度试验及超声波试验检测石窟风化的程度。再根据岩石化学成分随深度的变化，用物探微测深法及岩相鉴定等手段检测石窟风化的深度，为鸿庆寺石窟的风化治理提供科学依据。

三、预防措施

1. 改善石窟所处的环境及窟内环境，排除窟内潮湿结露，防止剧烈的干湿交替变

① 参考黄克忠:《中国石窟保护方法述评》,《文物保护与考古科学》第9卷第1期

化，避免各种风化应力的继续破坏。

2. 日常检查石窟崖体顶部排水、防水情况，及时做好崖体渗水防护措施。

3. 保持石窟前排水暗沟畅通，使雨水及时排出，切断与洞窟的联系。

4. 由于石窟石材为沙岩，质地疏松因素，抗风化能力较差，遇水易崩解，风化部位表层呈粉末状，致使不能对表层清理修缮，暂不考虑化学材料封护，只需做好养护工作，使窟内环境平衡。用 3D 扫描监测设备对各石窟进行长期监测，分析石窟材质变化及病害成因，针对分析结果做相应的保护措施。

四、防护系统规划

（一）完善消防系统设施

1. 消防器材

在鸿庆寺内增加手持式灭火器的数量，并培训相关工作人员的消防技能，禁止在该区域内使用明火、严格规范用电。

2. 消防制度

完善消防安全制度，进一步加强管理人员的消防知识及技能的培训，并定期检查各灭火器状态，及时更换过期或不适用的灭火器，严格完善消防器材的维护管理制度。

3. 义务森林消防员

对周边村民进行消防知识教育，并成立义务消防队，定期对白鹿山，特别是石窟依靠的山体进行巡查，一旦发现可能火情，立即报警，并组织人力控制火情，防止威胁文物本体。

4. 聘请有专业资质的设计单位，对鸿庆寺石窟进行消防设计及施工。

（二）修建安防设施

在寺院大门、院内、窟龛造像及所在窟壁、窟前平台、石窟周边紧邻区域设置安防监控探头，并在保护范围内的其他重点区域设置监控设备，加强对造像及其环境的技术防护。

（三）引导祭祀活动

倡导文明祭拜，距离石窟所在窟洞 15 米内严禁烧纸、点香烛、燃放烟花爆竹。

（四）完善保卫制度

制定《鸿庆寺石窟安全保卫制度》，进一步规范巡查工作，明确巡查责任。

（五）预防措施

（1）改善石窟所处的环境及窟内环境，排除窟内潮湿结露，防止剧烈的干湿交替变化，避免各种风化应力的继续破坏；

（2）日常检查石窟崖体顶部排水、防水情况，及时做好崖体渗水防护措施；

（3）保持石窟前排水暗沟畅通，使雨水及时排出，切断与洞窟的联系；

（4）由于石窟石材为沙岩，质地疏松因素，抗风化能力较差，遇水易崩解，风化部位表层呈粉末状，致使不能对表层清理修缮，暂不考虑化学材料封护，只需做好养护工作，使窟内环境平衡。用3D扫描监测设备对各石窟进行长期监测，分析石窟材质变化及病害成因，针对分析结果做相应的保护措施。

（六）馆藏措施

附属碑刻及石窟残块，可以进行原址保护的，尽可能原址保护，不能进行原址保护的，在管理用房院内设立馆藏室进行馆藏保护。

（七）养护措施

做好第二窟前百年皂角树日常养护工作，预防病虫害。

（八）标志标识措施

在各石窟外设置标识牌，介绍每个石窟的详尽情况，在寺院入口设立寺院简介导览标识牌。

五、保护措施实施要求

（一）山体稳定性分析与评估

在之前的信号塔建设过程中以及近期建设登山台阶的过程中，鸿庆寺石窟周边的山体遭到了较大破坏。应对白鹿山山体，尤其是保护范围内的山体进行山体稳定性分析，确定山体岩组特征、山体结构类型、断裂、裂隙、岩溶、地下水等，以免山体失稳、架窄、塌落等地质灾害对鸿庆寺石窟文物本体造成破坏。

本体保护措施和防护措施的实施前要进行山体稳定性评估，研究地质体在地质历史中受力状况和变形过程，做好山体稳定性评价，研究岩体结构特性，预测岩体变形破坏规律，进行岩体稳定性评价并考虑相关设施和岩体结构的相互作用。

（二）保护措施实施要求

1. 应将各项保护措施对文物本体的干预程度降至最低；

2. 工程措施应具有可逆性，不妨碍再次实施更有效的保护工程。

（三）考古工作要求

坚持考古先行原则，各项保护措施在实施前，需进行科学的考古工作，根据考古结果制定相应的保护措施。

窟前新修平台应按照要求开展科学的考古发掘和清理工作，查明与地下遗存的分布情况，为窟前建筑遗迹的保护与展示提供科学依据。

（四）安防设施要求

工程的设计和实施须符合《GB/T 16571–2012 博物馆和文物保护单位安全防范系统要求》、《GA 27–2002 文物系统博物馆风险等级和安全防护级别的规定》《GB 50348–2004 安全防范工程技术规范》等国家有关标准、规范的要求。

第五节　考古及科学研究规划

一、考古及科学研究原则

1. 鉴于目前保护技术的局限性，不提倡主动的发掘。为配合保护工程及鸿庆寺石窟特点展示，可进行局部考古发掘。

2. 在鸿庆寺石窟保护区进行建设，应首先进行考古勘探工作，对发现的相关遗存要及时提出处理方案，上报文物主管部门。

3. 随考古勘探工作的深入，可调整保护区划和保护内容，提出科学的依据或方案，上报文物主管部门。

二、遗存的调查勘探

根据 2017 年考古勘探，基本确定了现存鸿庆寺石窟的范围，但是对已被破坏的寺院区域，可以利用传统与现代的保护技术手段相结合，尽可能采用非破坏性的勘测方法，进一步探明寺院遗迹的布局及规模。

三、考古发掘

1. 为恢复鸿庆寺石窟的整体面貌，进一步探明其文化内涵，并结合重要考古发掘的展示，经文物主管部门批准后，进行适量的考古发掘。

2. 配合地方经济和村镇建设，在保护范围内的一切建设和动土活动必须进行考古勘探工作。

四、考古研究

1. 做好考古勘探及发掘资料的档案整理，包括全面统一的分类编目及数码照相，将鸿庆寺石窟遗址的各种科学研究信息资料录入计算机，并建立数字信息管理系统。

2. 深入研究鸿庆寺石窟的形成过程及形成的历史背景，包括佛教文化在豫西地区的发展、石窟文化的独特性研究等，并出版研究专著。

第六节　监测规划

一、监测主体及措施

（一）文物本体监测

由义马市新闻广电出版局设专人负责，会同相关专业人员，针对以下文物本体的各项内容进行监测。

1. 文物材质

针对石窟赋存岩体的物理、化学性质，包括矿物成分、孔隙率、强度等进行试验检测。

2. 文物残损

针对石窟文物风化程度、受损状况先进行勘察，以现状勘察数据为标准，对其风化和受损变化进行日常监测。

3. 文物安全

针对鸿庆寺石窟的岩体的稳定性进行监测。

（二）文物环境监测

由义马市新闻广电出版局协同义马市气象局、环境监测站、林业局等部门，针对以下文物环境的各项内容进行监测。

气候环境：针对大气压力、雨量、日照、风、温度、湿度等气象因素，空气污染、酸雨等环境污染。

文物影响的监测：监测主要实施于文物保护范围内，根据工作实际情况，可以将工作区域扩展至建设控制地带范围。

1. 微观环境

针对内温湿度、微观气流、灯光，以及游客的二氧化碳、热量、水分排放对文物的危害影响的监测。

2. 生态环境

针对鸿庆寺石窟周边的植被生长情况对文物影响的监测。

3. 建设环境

针对鸿庆寺石窟周边区域内及石佛村的开发建设力度及人文环境的变化等对文物景观影响的监测：监测主要实施于石窟保护范围和建设控制地带。

（三）文物管理监测

由义马市新闻广电出版局协同其他相关部门，针对以下文物管理利用各项内容进行监测。

1. 保护性设施

针对火灾、地震、雷击等自然灾害及偷盗、游客损害等人为危害的预防、应对、修复体系以及相关设施进行监测。

2. 管理制度

针对管理策略、机构组织、运行方式的效率以及经费管理进行监测。

3. 文物利用

针对文物用地功能、游客量控制及游客行为方式进行监测。

二、监测分析及档案记录

对日常监测数据进行分类分析，对异常的或对文物造成影响的数据的频率、时间及影响程度等进行分析。

（一）危害因素分析

以日常监测数据分析为依据，分析对文物保护造成直接和间接影响的危害因素，为文物管理决策及下一步开展科研工作提供资料。

（二）记录存档

对日常监测工作形成记录档案，作为文物的信息妥善保管。

第七节　环境整治规划

一、环境保护策略

（一）石窟保护与环境保护相结合

落实《义马市城乡总体规划》对区域环境保护的建设指导意见，在保护文化遗产的前提下，完善区域的生态功能建设。

将文化遗产保护与环境保护有机结合起来，统筹兼顾、综合策划，在加强石窟保护力度的同时，提升义马市生态功能建设。

（二）历史环境保护与生态环境保护并重

白鹿山和石佛古村落是鸿庆寺石窟历史环境的重要组成部分，应从山体稳定性分析与监测、山体修复、植被恢复、保护农田与村落景观等方面切实保护鸿庆寺石窟的历史环境。

对白鹿山以封育结合的方式进行封山育林，通过耕地保护、发展无公害农业、开展农村环境综合整治等，保护鸿庆寺石窟造像周边的自然生态环境。

二、具体措施

（一）保护范围内环境整治

1. 保护整治对象：保护区内文物本体相关的环境。

2. 整治措施：制定详细的环境整治方案，治理保护范围内不协调环境因素。

具体整治措施：

（1）修缮石窟东侧一、二层寺庙建筑。

（2）修缮鸿庆寺石窟山门及围墙。

（3）改造卫生间建筑风貌，并设立引导标示牌。

（4）净化寺院内水质，定期更换水，并配备提水设施。

（5）清理寺院内杂草，加强植被绿化，营造寺庙氛围景观，如松柏、菩提、银杏等。

（6）院内设立仿生垃圾桶和休息座椅。

（7）清理寺前垃圾堆放，完善规范环卫设施。

（8）改造该区域居民建筑风貌，以保存较好的传统建筑风貌为准，面积约 1200 平方米。

（9）规范用电线路架设，拆除乱拉乱扯的电线。

（10）加强该区域道行道绿化，以遮阴美化为宜，并设立仿生垃圾桶。

（二）建设控制地带环境整治

1. 保护整治对象：石佛传统村落、涧河生态环境、陇海铁路。

2. 整治措施：

（1）整治石佛村环卫环境，加强村内行道绿化，设立仿生垃圾桶及休息座椅，完善基础设施。

（2）改造不协调民居建筑风貌，式样、色彩和体量都要与传统建筑风貌协调，拆除私搭乱建构筑物。

（3）治理涧河水质污染和河滩杂乱环境，建设文化休闲生态环境，并做好环境监测工作，保持建控区域内无污染源。

（4）该范围内建筑高度控制在 9 米（屋脊高度），建筑容积率不应大于 0.2，建筑密度不应大于 10%，保持原有道路格局，改造不协调路面材质。

（5）在鸿庆寺西侧，利用现有建筑，改造建设游客服务中心及停车场。

三、生态绿化景观整治目标和措施

（一）绿化规划目标

1. 根据保护区现有的树种及自然资源涧河和白鹿山，完善山体绿化和涧河水质净化，并做好与石佛传统村协调发展，健全鸿庆寺石窟大生态环境系统。

2. 因地制宜，充分利用地方树种和草种，保证四季绿化效果的连续性。

（二）生态绿化规划具体措施

1. 在保护范围内配置适量绿地，加强行道、寺庙绿化，绿化要突出遮荫、肃穆氛围，配合好参观意境。

2. 丰富白鹿山及石佛村植被绿化，加强山体育林，并做好日常养护工作。

3. 切断涧河上游煤矿排污源头，净化涧河水质，整治河滩荒地，恢复涧河生态环境。

四、道路交通调整

（一）保护区对外交通

鸿庆寺门前道路义马市 035 县道，宽度为 6 米的水泥路，也是鸿庆寺联系外部的唯一道路。

（二）保护区内部交通

1. 鸿庆寺院内道路现状较好，做好道路养护工作即可。

2. 鸿庆寺入口地面与 035 县道连接处，清除现状泥泞，改用阶条石连接。

3. 石佛村内局部用红色荷兰砖铺砌的道路，改用卵石或者碎石板铺砌。

4. 涧河河滩游览道路就地取材，采用涧河卵石铺砌，沿河可分段建设木栈道观景台，水深处做木质防护围栏。

（三）停车场

在寺院西侧，改造后的游客服务中心处配套树阵和嵌草相结合的生态停车场，科学合理的规划停车场，做到有秩序的管理停放，面积约 290 ㎡。

五、环境卫生

1. 完善垃圾回收设施。

2. 健全卫生巡查体系。

3. 搞好白色污染处理。

六、历史环境保护

（一）山体稳定性分析与监测

对白鹿山体进行山体稳定性分析，确定山体岩组特征、山体结构类型、断裂、裂隙、岩溶、地下水等，以免山体失稳、架窄、塌落等地质灾害的发生。

（二）山体修复

对已遭破坏的山体进行修复，恢复白鹿山的山形与植被，禁止开山、砍伐植被等一切破坏山体的活动。

（三）植被恢复

恢复白鹿山上的植被，根据生态保护的“原生性、多样性”要求，植被应突出地方性和历史性，选用当地乡土物种，改善石窟及周边的环境。

（四）农田保护

贯彻《中华人民共和国农业法》《中华人民共和国土地管理法》和《基本农田保护条例》等相关法律法规等关于农田保护的相关规定，切实保护规划范围内的耕地，严格控制耕地转变为非耕地。

（五）村落保护

保护规划范围内村落的肌理与形态，结合村庄现状特点，村落的更新以延续村落肌理为基础，通过以依托鸿庆寺石窟开发利用和生态农业建设为主的产业规划激发村庄的活力，通过利用村落中废弃地来修补村落肌理、突出田园景观特色，通过对原有村民住宅院落加以改建，以适应接待需求，构建当代田园风情村落。

规划范围内村落建筑的更新和各类建、构筑物的设置应提倡对当地建筑文化的尊重，所有建筑不超过一层，采用院落式布局形式，墙体采用原生石墙、青砖墙或贴饰仿砖、石墙面砖，屋顶采用双坡顶、青瓦屋面；不符合上述特点的建筑，要在规划近期内完成整改。

七、生态环境保护

（一）开展环境质量检测

开展石窟所在地的大气环境、水环境、噪声环境等质量监测工作；同时针对农村空气、饮用水源地、河流（水库）和土壤环境等进行监测，定期出具监测报告，促进环境质量保护。

（二）封山育林、育灌

采用“封育结合，以育为主”的形式，通过有计划的较长时间封禁，并加以人工辅助措施，进行封山育林、育灌，使受损的白鹿山生态得以恢复。

禁止对白鹿山进行垦荒、放牧、砍柴等人为的破坏活动，同时通过乔灌草结合、疏林补植、人工造林等的方式恢复白鹿山的植被，加快裸岩向其他类型的转化、灌草群落向灌木林与天然林等的转化，增大活立木蓄积，提高森林覆盖率。

（三）保护耕地，发展无公害农业

落实土地法规和耕地保护责任制，对白鹿山下的农田环境、基础设施、肥力状况以及利用方式等进行监测和管理，切实保护白鹿山下的耕地。

发展无公害农业，防止水土污染，保护农业环境。倡导科学使用化肥、农药，控制用量和使用时间，减少化肥、农业对土壤、水体的污染；强化其它土壤污染物来源控制，严格污染土壤环境风险管控。

（四）农村环境综合整治

开展农村环境卫生整洁行动，加大乡村垃圾处理、污水处理、基础设施改造、农村饮水安全工程、农村改厕等环境卫生基础设施建设投入力度，改善农村环境“脏、乱、差”的局面。

开展农村清洁工程建设，通过减施化肥与农药、秸秆资源化利用、农田与生活废弃物资源化收集利用等，实现农业生产无害化、农业废弃物资源化和农村生活整洁化。

八、土地利用

（一）土地利用要求

鸿庆寺石窟保护范围和建设控制地带内的土地是涉及公共利益和具有特殊功能的重要土地资源，土地利用类别参照自然保护区用地为“特殊用地”，纳入义马市土地利用总体规划和相关土地利用规划之中，严格执行空间和土地用途管制。

（二）用地调整

为有效保护遗址安全，本规划建议将保护范围内的土地性质调整为文物古迹用地，纳入义马市土地利用总体规划和相关土地利用规划之中，禁止新增任何建设用地，同时，严格控制建设控制地带内建设用地的扩张，消除不当建设对石窟遗存本体及其环境的破坏隐患。

第八节　展示与利用规划

一、展示框架

（一）展示与利用原则

1. 在遵循文物保护基本原则的前提下，以石窟及其环境不受损伤，公众安全不受危害为前提，坚持科学、适度、持续、合理地展示利用。

2. 充分传播鸿庆寺石窟造像的文化价值，通过对石窟的保护展示、石窟造像历史环境氛围的营造，真实传递历史信息，充分展示和解释鸿庆寺石窟的价值。

3. 对鸿庆寺石窟周边的资源进行整合，注重环境优化，为观众接待和优质服务提供便利。

4. 合理发挥鸿庆寺石窟的社会价值，提倡保护利用过程中的公众参与，注重普及教育，使石窟造像的保护利用惠及当地民生，体现其对当地经济社会发展的促进作用。

（二）展示目标

1. 在有效保护的前提下，采用文物原状展示与观光相结合等方法，向公众展示中原石窟历史文化及石雕艺术，既有效保护历史文化遗产，又促进地区经济建设发展。

2. 收集整理鸿庆寺石窟相关的文献及照片，结合多媒体展示系统在馆藏室进行陈列，实物展示、模拟展示相结合，使公众更为直观地了解石窟寺的文化内涵及礼佛场景，更好地达到文物保护、文化传播和宣传教育的目的。

3. 结合周边石佛传统村落、涧河、白鹿山等历史环境进行展示，打造丰富的鸿庆寺石窟历史文化展示区。

（三）展示方式

根据鸿庆寺石窟的价值和展示需求，主要采取原状展示、标识模拟展示、室内陈列展示与环境展示的方式进行展示。

1. 原状展示

对窟龛造像及所在窟壁进行文物本体原状展示。

2. 标识模拟展示

对窟前建筑遗迹，根据考古发掘成果进行标识或模拟展示，展现窟前建筑的格局。

3. 场馆展示

设置鸿庆寺石窟综合展示馆，通过可移动文物陈列、图文和多媒体综合展陈等方式，于综合展示馆内进行展示。

4. 环境展示

结合鸿庆寺风景区的建设，在山体修复和植被恢复的基础上展现鸿庆寺的自然环境；同时，展现白鹿山下的农田、村落等景观。

二、展示格局

（一）展示总体布局

结合文物保护、展示利用的要求，以及地形、地貌的特征，将鸿庆寺石窟展示规划分两个区域：石窟重点展示区、山地景观展示区。

（二）展示分区

1. 石窟重点展示区

以鸿庆寺石窟本体及附属文物为主，展示各石窟本体的功能、结构、造型、雕刻艺术和价值内涵。陈展题材为石窟原址展示、零散石刻附属文物馆藏展示，并辅以文字和影音解说。

2. 山地景观展示区

山地景观展示区主要是建设控制地带涵盖的区域，主要展示作为石窟重要遗存环境的白鹿山山体与植被。

（三）展示主题

鸿庆寺石窟展示区的展示主题为“田园福地、宗教圣山”。

鸿庆寺石窟的文化内涵是以民间宗教信仰为纽带、以石窟造像为核心、融入中国传统山水田园情怀的生产、生活、宗教信仰统一体，造像崇拜、农业生产、农村生活、寄情山林等的统一不仅是鸿庆寺石窟延续千年利用方式，也构成了鸿庆寺石窟独特的文化价值。“田园福地、宗教圣山”的展示主题不仅与鸿庆寺石窟的文化价值相符合，而且有助于充分发挥其文化价值，促进价值维护。

（四）展示教育

1. 制作影音资料并且加强宣传说明。

2. 编制详尽的解说词，推介鸿庆寺石窟及地区文化的重要意义。

3. 不断提高展示的质量，改进展示手段，尽可能地显示和宣传文物的价值，扩大鸿庆寺石窟及石刻艺术在中原石窟寺乃至全国石窟寺中的影响，同时促进义马市社会经济效益的产生。

（五）展示区环境控制

1. 完善展示区内的服务设施，导向标示系统应与文物相协调。

2. 增加绿化率并保持区域均衡发展，营造佛教文化相适应的环境氛围。

3. 避免保护区内无序建设的影响。

4. 展示区内必要的给排水、电力、电讯等基础设施宜采用地下管线方式连接，进入展示区时应避开文物本体。

三、游客服务设施

（一）游客服务中心

游客服务中心是游客前往鸿庆寺石窟景区游览的起点，是一处集室内展陈、景点售票、宣传推介、导游服务、集散换乘、咨询投诉、监控监管等于一体的综合型服务设施。

1. 选址

选址位于鸿庆寺西侧，通过对现有民居建筑进行改造利用。

2. 功能要求

游客接待、鸿庆寺石窟综合展示、停车服务等多项功能。

3. 建设要求

与鸿庆寺石窟景区建设相结合，弱化建筑体量，建筑色彩、风貌应与鸿庆寺石窟寺风貌相结合，尽量减少对遗存本体及其环境的干扰，并应尽可能运用生态建筑设计手法，降低建筑的日常运行成本和管理投入。游客服务中心建筑面积约 560 平方米。

游客服务中心建筑设计需满足本规划第十章环境规划关于村落景观保护的相关要求。

（二）环卫设施

根据环境卫生要求和游客服务需求，在游客服务中心设置公厕、垃圾桶等环卫设施。

四、展示路线

（一）外部交通

规划近期沿用 035 县道路，中、远期根据鸿庆寺石窟的游客情况进行适当调整。

（二）展示流线

外部游客 ←→ 游客服务中心 ←→ 鸿庆寺石窟大门 ←→ 鸿庆寺石窟 ←→ 鸿庆寺景区其他部分 ←→ 白鹿山。

（三）游客管理

1. 游客管理目标

（1）在确保文物安全的情况下，最大限度地增加游客对文物的鉴赏及欣赏。

（2）控制观众容量，疏导观赏路线，规范观众行为，防止游客触摸而对文物造成人为破坏。

（3）加强文物展示信息量，提高观众兴趣。

2. 游客容量控制

（1）鸿庆寺石窟日最高容人量≤ 2200 人次 / 日。

（2）年观众承载总量为 55 万人次。

3. 游客管理监测

（1）定期发放调查问卷，提高文物展示水平和观众管理能力。

（2）保证游客安全。

（3）控制游客流量。

第九节　安全防灾规划

一、规划目标

最大限度地减轻各种自然和人为灾害对鸿庆寺石窟及附属文物影响，高效有序地开展保护工作。

二、安全监测系统

1. 安全监测系统主要包括：使用 3D 扫描仪器对石窟进行全面的信息采集，并使用其他设备对石窟的病害和安全稳定性进行监测、自然灾害和险情的监测、文物环境监测、各种自然及人为破坏的监测，如石窟崖壁受剪、应力变化监测、地质灾害监测、洪涝灾害监测等。

2. 经常对各石窟进行巡视，检测其环境变化、石窟保存情况，并及时做出相应措施。

3. 对建设控制地带的环境进行监控，禁止影响石窟本体、石佛传统村和涧河自然生态环境的建设项目。

4. 制定《鸿庆寺石窟文物安全监测办法》。

三、消防安全

1. 对外主干道可作为消防通道，保证保护区内有消防通道环路，保证保护区内消防通道通畅。

2. 与文物保护相关的各建筑必须经过严格的消防验收后方能使用。

3. 在鸿庆寺院内水井处配备提水设备，并在白鹿山顶沿道路按规定设立消防栓。

4. 按规定配备和放置灭火器、消防斧、消防水桶等器材，在与文物保护相关的建筑中设立火灾自动报警系统。

5. 道路及空旷处可以作为紧急疏散广场，明确疏散方向。

四、安全防灾管理

1. 在管理用房下设安全防灾管理办公室，各展区有专门的安全防灾管理员、文物巡视员，负责文物安全监测。

2. 加强对参观者的安全教育和管理，加强防火防盗宣传。

3. 把安全防灾工作列为鸿庆寺石窟及附属文物管理工作的重要部分，做到同计划、同部署、同检查、同总结、同评比，使安全防灾工作做到经常化、制度化。

五、其它防灾

1. 应做好防震、防风、防洪、防潮等工作。

2. 建立保护区内的智能监控系统。

六、旅游污染的防治

随着保护区中游客的进入，将带来各种生活垃圾和生活用水的污染，因此必须加强这方面的防治工作，保证保护区有良好的环境质量和文物的安全。

（一）废水处理

服务用水、生活污水直接排入管网，禁止乱排乱倒、侵入保护区内。

（二）旅游垃圾处理

保护区主要游览线路和游人集中地，根据游人分布情况，设若干垃圾箱，有专人专车收集垃圾并运出。

（三）公共卫生间布局

保证各主要游览点和展示区有公共厕所，按相关规定设计施工。

第十节　与地方社会发展规划的协调

一、协调原则

1. 在文物遗存得到有效保护的同时，促进地方经济建设和居民生活质量的提高。

2. 选择经济合理的方式，协调保护与地方各项事业发展的关系。

二、文物保护与城市建设的协调

1. 本规划的土地使用性质调整、环境整治措施应纳入《义马市总体规划》和及相关城镇规划中。

各类相关规划措施应以符合石窟保护要求为前提。

2. 根据现场调研，合理调整保护范围和建设控制地带部分用地性质。

三、文物保护与产业发展的协调

文物遗存保护区禁止发展工业项目，鼓励开发美丽乡村旅游业和文化产业。

四、文物保护与道路交通系统

（一）交通系统

根据展示分区需求，与传统村落道路衔接，合理布置石窟保护区游览道路。

（三）停车场

根据保护展示需求，利用现有建筑，改造建设停车场。

第十一节　保护管理规划

一、管理机制

（一）保护管理目标

逐步完善健全的文物保护管理机构，协调各种力量，使遗产得到有效的保护。

（二）建立管理机构

根据有关要求，设置鸿庆寺石窟直接管理机构——鸿庆寺石窟管理委员会。该管理委员会隶属于义马市新闻广电出版局，其任务是负责文物的资料征集、保护管理、日常维护、宣传陈列和科学研究等工作。

鸿庆寺石窟管理委员会要定编、定岗、定人与研究平台结合。加强文物管理机构建设和管理力度，提升管理水平，进一步加强文物保护储备管理和技术人员力量。

（三）队伍建设与人才培养

加强文物本体保护、环境监测、历史研究等专业研究人员的引进与培养。

建立专业培训机制，通过派遣保护人员参加国内外各种培训课程，提高保护专业人员的理论水平及专业素养。

与国内国际其他保护组织机构建立人才交流计划，了解最新的保护动态，提高文物保护与管理的水平。

（四）制定管理规章

建立健全管理规章制度。

建立健全防灾（防震、防火、防盗等）应急预案。

建立健全对文物本体及其环境的定期普查、维修保养和隐患报告制度。

二、运行管理

（一）管理基本原则

加强管理、制止人为破坏是有效保护和合理利用鸿庆寺石窟的基本保证。

根据《中华人民共和国文物保护法》，落实鸿庆寺石窟的文物保护与管理工作。

以“保护为主，抢救第一，合理利用，加强管理”的文物工作方针，为管理基本原则。

加强鸿庆寺石窟管理各个环节运行的规范化，提高文物保护管理的水平。

（二）完善“四有”工作

根据国家文物局文物保护记录规范要求，尽最大可能记录石窟信息，整理、完善保护档案，提高档案的系统性与规范性，完成档案的电子化工作。

（三）加强日常管理

完善相关资料，定期补充档案数据。

建立监测制度，定期整理分析监测体系数据，并编写《监测评估报告》，为保护措施提供科学依据。

组织鸿庆寺石窟景区的展示工作，开展宣传教育工作，提高群众的文物保护意识。

（四）做好工程管理

严格按照有关规定进行规划期内开展的各项保护、展示工程的管理工作，保证工程质量，实现石窟的有效保护：

按照 2003 年中华人民共和国文化部令第 26 号《文物保护工程管理办法》，履行管理报批手续。

按照国家文物局文物办发 [2003]43 号《文物保护工程勘察设计资质管理办法（试行）》《文物保护工程施工资质管理办法（试行）》，实施所有保护工程的勘察设计与施工管理。

按照《文物保护法实施条例》第十五条，执行非文物保护工程的资质管理。

三、公众参与及社会合作

建立当地居民参与石窟保护的工作机制和激励机制。

扩大影响，增加宣传力度，采取多种手段普及文化遗产保护知识，提升当地居民对鸿庆寺石窟价值的认识，充分发挥公众的积极作用。

四、档案搜集与管理

整理完善鸿庆寺石窟的文物本体信息、档案，配合测绘、调查与考古工作进展，及时补充和修正档案记录，满足《文物保护法》关于“四有”档案的规定。

结合相关研究，不断完善鸿庆寺石窟各类资料档案，强化管理措施。

第十二节　研究规划

一、研究目标

通过石窟现状测绘、考古发掘与清理、遗存历史与价值研究、石窟保护技术相关研究等对鸿庆寺石窟的文物本体进行深入研究，厘清其历史与价值，弥补以往学术研究的不足；同时，通过石窟治水、防风化等专项研究，为鸿庆寺石窟的保护提供科学依据。

二、信息采集与处理

做好全面的信息采集与处理工作，要在全面采集现存实物信息的基础上，做好信息记录、管理和研究，使鸿庆寺石窟的历史信息得到全面、真实的保存，同时为展示传播、病害监测与治理提供科学依据。

三、石窟现状测绘

运用三维激光扫描仪和传统方法，对鸿庆寺石窟进行科学的现状测绘。

四、遗存历史与价值研究

深入研究鸿庆寺石窟的历史；

开展对鸿庆寺石窟与河南、山东等地其他石窟的对比研究；

开展对鸿庆寺石窟的造像特征、雕凿工艺的相关研究；

开展对附属文物、窟前建筑布局、石窟造像与窟前建建筑关系的相关研究；

五、石窟保护技术研究

开展造像窟壁渗水专项研究，形成石窟渗水治理对策；

开展鸿庆寺石窟防风化专项研究。

第十三节　项目实施分期规划

一、近期保护工作实施目标（2020 年—2021 年）

（一）保护前期工作目标

1. 颁布《鸿庆寺石窟文物保护规划》，使之具有实施的规范性和可操作性。

2. 制定《鸿庆寺石窟文物保护管理办法》。

（二）文物遗存本体保护工作目标

1. 组织具有工作经验，声誉良好的 3D 设备监测单位，对各石窟进行监测保护，确保文物安全环境。

2. 组织具有甲级资质的勘察设计单位，对鸿庆寺石窟监测结果进行研究分析，并制定《鸿庆寺石窟保护修复方案》的具体方案。

3. 实施评审通过后的《鸿庆寺石窟保护修复方案》。

4. 做好窟顶崖体和窟前排水沟畅通，使雨水及时排离，切断与洞窟的联系。

5. 做好各石窟本体及附属石刻文物的养护工作。

（三）环境整治工作目标

1. 修缮石窟东侧一、二层寺庙建筑。

2. 修缮鸿庆寺石窟山门及围墙。

3. 改造卫生间建筑风貌，并设立引导标示牌。

4. 净化寺院内水质，定期更换水，并配备提水设施。

5. 清理寺院内杂草，加强植被绿化，营造寺庙氛围景观，如松柏、菩提、银杏等。

6. 院内设立仿生垃圾桶和休息座椅。

7. 清理寺前垃圾堆放，完善规范环卫设施。

8. 改造保护范围居民建筑风貌，以保存较好的传统建筑风貌为准。

9. 规范用电线路架设，拆除乱拉乱扯的电线。

10. 加强该区域道行道绿化，以遮阴美化为宜，并设立仿生垃圾桶。

（四）展示工作目标

1. 完善保护区内的标志标识工作，使石窟价值展示于公众。

2. 结合石窟相关附属文物，资料搜集，分类建档，开展鸿庆寺石窟馆藏展示，编制《鸿庆寺石窟馆藏展示方案》。

3. 完善展示区管网、消防、文物安全监控等基础设施的建设。

（五）保护管理工作目标

1. 完善管理机构，适当增加管理工作人员。

2. 不断深入研究相关资料，建立鸿庆寺石窟及附属文物保护信息管理系统。

3. 对管理人员进行分批的专业教育和培训。

二、中期保护工作实施目标（2022年—2026年）

（一）保护前期工作目标

实施《鸿庆寺石窟文物保护规划》内容和完善各项规章制度。

（二）文物本体保护工作目标

1. 对鸿庆寺石窟加固修缮过的部位，要进行日常性的养护和监测。

2. 完善安全监测系统、防盗监视系统和防灾系统。

（三）环境整治工作目标

1. 整治石佛村环卫环境，加强村内行道绿化，设立仿生垃圾桶及休息座椅，完善基础设施。

2. 改造不协调民居建筑风貌，式样、色彩和体量都要与传统建筑风貌协调。拆除私搭乱建构筑物。

3. 治理涧河水质污染和河滩杂乱环境，建设自然休闲生态环境，并做好环境监测工作，保持建控区域内无污染源。

4. 该范围内建筑高度控制在 9 米（屋脊高度），保持原有道路格局，改造不协调路面材质。

（四）展示工作目标

1. 实施《鸿庆寺石窟馆藏展示方案》，与石窟本体展示相结合，全面展示鸿庆寺石窟历史文化价值和艺术价值。

2. 展示石佛传统村落建筑、民俗文化、风土人情等内涵，传承并发扬石佛村传统文化，保持好石佛村与鸿庆寺石窟的历史格局。

3. 展示涧河文化景观，打造鸿庆寺文化休闲展示区。

4. 完成游客服务设施及停车场建设。

5. 做好游客组织和管理监测。

（五）保护管理工作目标

1. 健全管理、展示、研究机构。

2. 组织、监督实施各项保护工作，保证石窟遗产的安全。

三、远期保护工作实施目标（2027 年—2030 年）

1. 实施本规划内容并与石佛传统村落保护相协调，完成鸿庆寺石窟保护、展示，建立鸿庆寺石窟历史文化遗产保护、生态环境、土地利用合理、管理规范化的全方位良性循环保护体系。

2. 更深入地展示鸿庆寺石窟及附属文物的佛教文化和石刻艺术文化的内涵，使鸿庆寺石窟及附属文物得到全面系统的保护，建立有石窟文化研究基地。

第十四节　项目实施经费

一、保护实施构成（经费组成）

1. 文物保护经费（文物本体的保护修缮、监测、加固；界桩、标志标识系统；文物资料建档；日常管理；文物库房、监控系统等）。

2. 科学研究经费（研究、出版、宣传、培训教育）。

3. 馆藏展示建设经费（各展示区建设、配套服务设施建设、必要的道路和基础设施建设）。

4. 院内环境治理、涧河自然环境治理、少量的民居改造、游览道路改、扩建费。

二、经费筹集

1. 鸿庆寺石窟保护的各项经费以地方财政投入、国家补助、社会集资为主。

2. 地方政府应将各项投入分年度计入地方财政预算。

3. 在参观及旅游收入的香火钱中提取一定费用，用于基本设施的维护。

4. 鼓励和支持国内外组织和个人为保护石窟捐款赞助，共同保证保护规划按期实施。

三、经费估算

保护经费估算合计：3679 万元整。其中：

近期估算：1239 万元；

中期估算：1530 万元；

远期估算：910 万元。

经费估算表：

分期	项目类	序号	规划内容	数量	经费估算（万元）	备注
近期	文物保护工程	1	3D 设备监测系统	1 项	120	组织具有经验的检测单位实施检测（检测时间 3-5 年以上）
		2	铁路防震降噪保护工程	1 项	110	包含保护工程勘察设计费与工程实施费用（抗震沟、隔音栏、降噪绿篱）
		3	文物本体维修及附属文物馆藏	1 项	120	改善石窟环境，维修和养护残损点；完善馆藏陈列保护展示
		4	窟顶崖体及窟前排水工程	1 项	30	维护窟顶崖体和窟前排水沟畅通
	环境工程	1	院内相关建筑物改造修缮工程	300 平方米	96	包含一二层庙宇、大门、卫生间
		2	院内植被绿化、水系净化工程	1 项	30	以松柏、菩提、银杏等与寺庙氛围相融合的树种为主
		3	院内环卫基础设施	1 项	10	仿生垃圾桶、休息座椅
		4	改造保护范围内不协调居民建筑	1200 m²	180	改造形式以传统建筑风貌为准
		5	加强行道、庭院绿化和用电改造	1 项	40	
	展示工程	1	保护区划界标和保护范围内的标志标识工程	1 项	50	
		3	展示设施	1 项	65	包括馆藏展示设施和展示制作
		4	资料整理、收集、建档	1 项	38	建立数字信息档案系统
	其他	1	各项保护工程设计勘察费		90	包含馆藏、标志标识、绿化、排水、建筑改造、展示等工程设计费
		2	不可预见费		50	
	近期经费估算小计				1029	

分期	项目类	序号	规划内容	数量	经费估算（万元）	备注
中期	文物保护工程	1	文物遗存日常性养护工程	1 项	150	
		2	监测系统和防灾系统	1 项	140	
		3	优化养护抗震隔音设施	1 项	80	养护绿篱及更换抗震隔音设施
		4	完善排水系统	1 项	30	含日常养护费用
	环境工程	1	整治石佛村环卫环境	1 项	80	完善垃圾集中回收站，设立仿生垃圾桶及休息座椅
		2	改造建控地带内不协调民居建筑风貌	1 项	300	改造形式以传统建筑风貌为准
		3	治理涧河水质污染和杂乱环境	1 项	370	切断上游污染源，改善涧河生态环境
	展示工程	1	完善展示设施（中期）	1 项	200	包含文物本体及馆藏展示、石佛传统村落展示、涧河自然景观展示
		2	完成管理设施（中期）	1 项	20	
		3	完成服务设施及停车场设施	1 项	60	
	其它	1	设施购置及人员培训	1 项	50	
		2	不可预见费		50	
	中期经费估算小计				1530	
远期		1	文物遗存日常养护	1 项	150	
		2	完善建设控制地带环境控制	1 项	200	
		3	完善信息管理系统建设	1 项	60	
		4	全面改善环境	1 项	300	
		5	完善展示设施	1 项	120	
		6	完善管理设施	1 项	80	
	远期经费估算小计				910	
	经费估算合计				3469	

说明：

1. 本规划各类工程项目的估算参照相关规范定额和文物保护工程经验调整制定。
2. 各类咨询按照《建设项目前期工作咨询收费暂行规定》和各类规划收费标准制定。
3. 本规划的工程量待专项规划及专项工程设计阶段落实。
4. 考虑到在文物本体保护工程及环境治理工程中各项实际工程量不确定因素较多，规划估算所列项目工程量和估算单价包含管理、设计等费用，各项目的经费核算应以工程设计文件为准，按照法规程序批准通过后方可执行。

第十五节　附则

一、规划自批准之日起实施。经批准的《鸿庆寺石窟文物保护规划》，必须严格执行，任何单位和个人不得擅自改变。

二、确因经济和社会发展需要，可对本规划进行修编，并报原审批机关备案；但涉及保护范围、界限、内容等重大事项调整的，必须报原审批机关审批。

三、《鸿庆寺石窟保护规划》由义马市人民政府组织实施，日常工作由鸿庆寺石窟保护所依法管理。

第二章 规划图

第一节 规划总平面图

第二节　规划区划图

北
图例：
保护范围 5.5 公顷
建设控制地带 19.7 公顷
鸿庆寺石窟
比例尺
0m 10m 25m 50m
图号：23
保护区划调整：
——依据现有《石佛村传统村落规划》，保护区划调整与之相协调。
——原保护范围区域过大，可操作性较差，不足科学。经过对文物分布情况及相关要素分析和对文物周围环境的实地勘察，结合地形地貌，把保护区划调整为具备可操作、可实施，能有效保护文化遗产的保护区划。

第三节　一至五号石窟及附属文物保护措施图

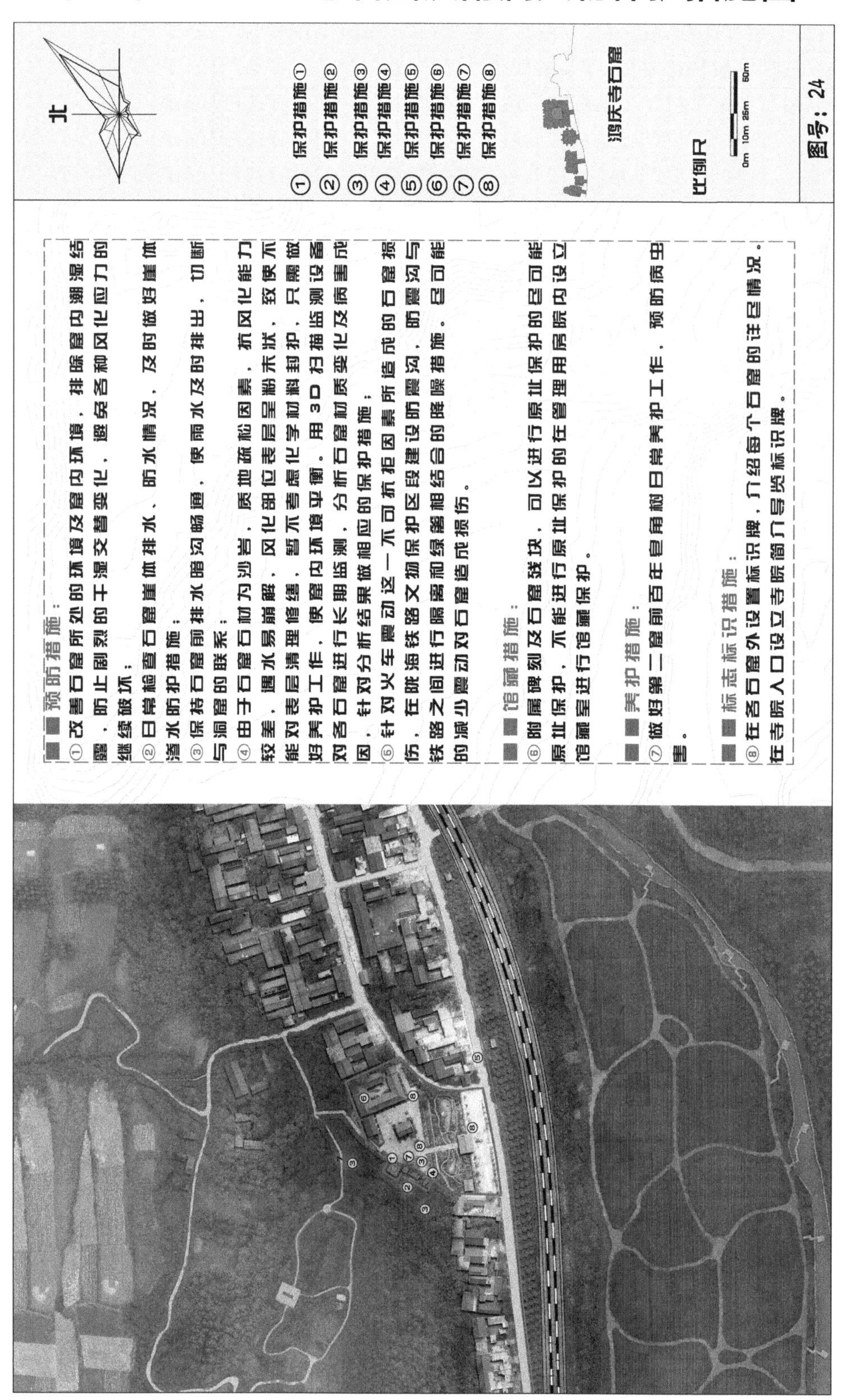

第四节　保护范围内环境保护措施图

第五节　建设控制地带环境保护措施图

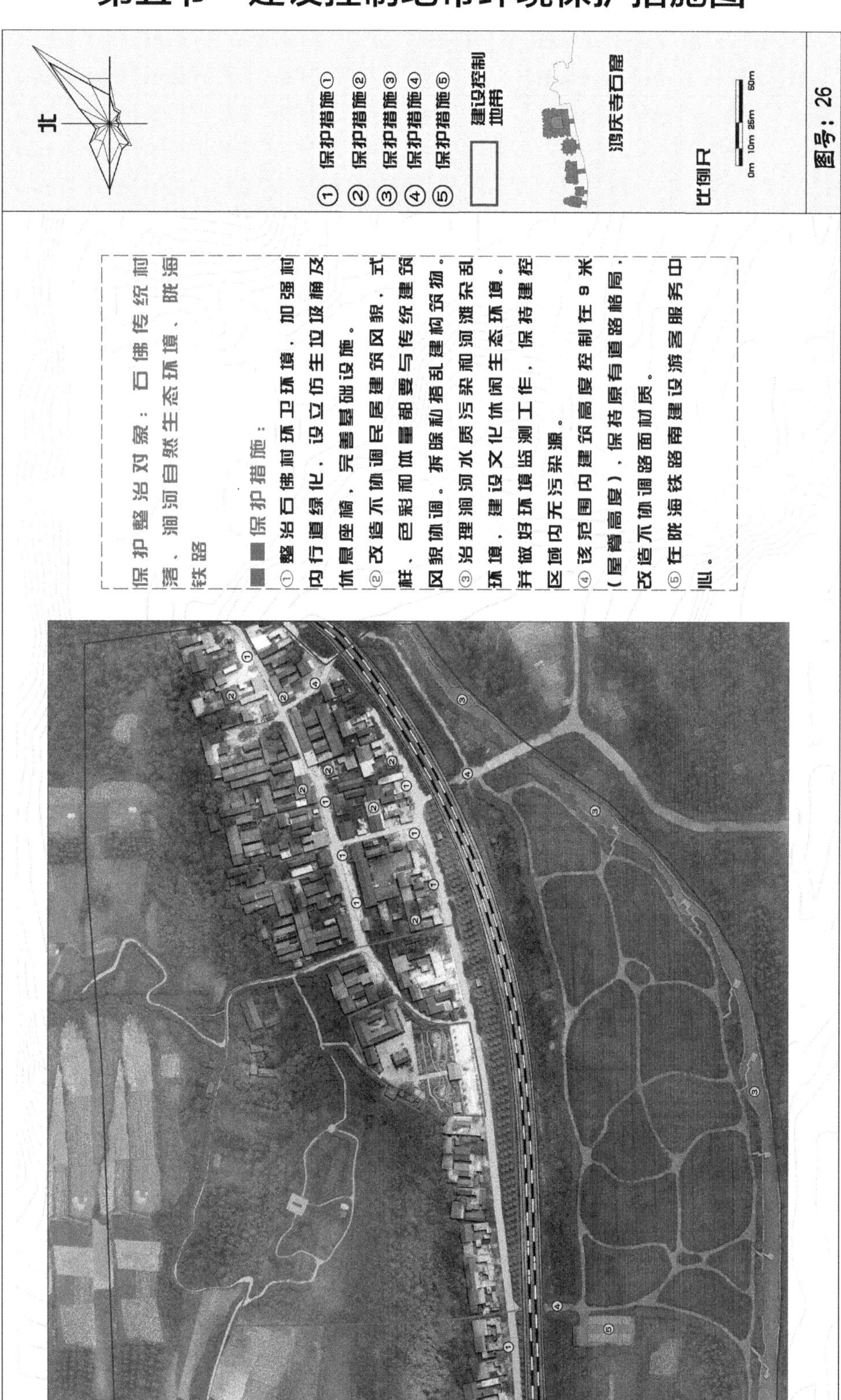

第六节　规划道路系统图

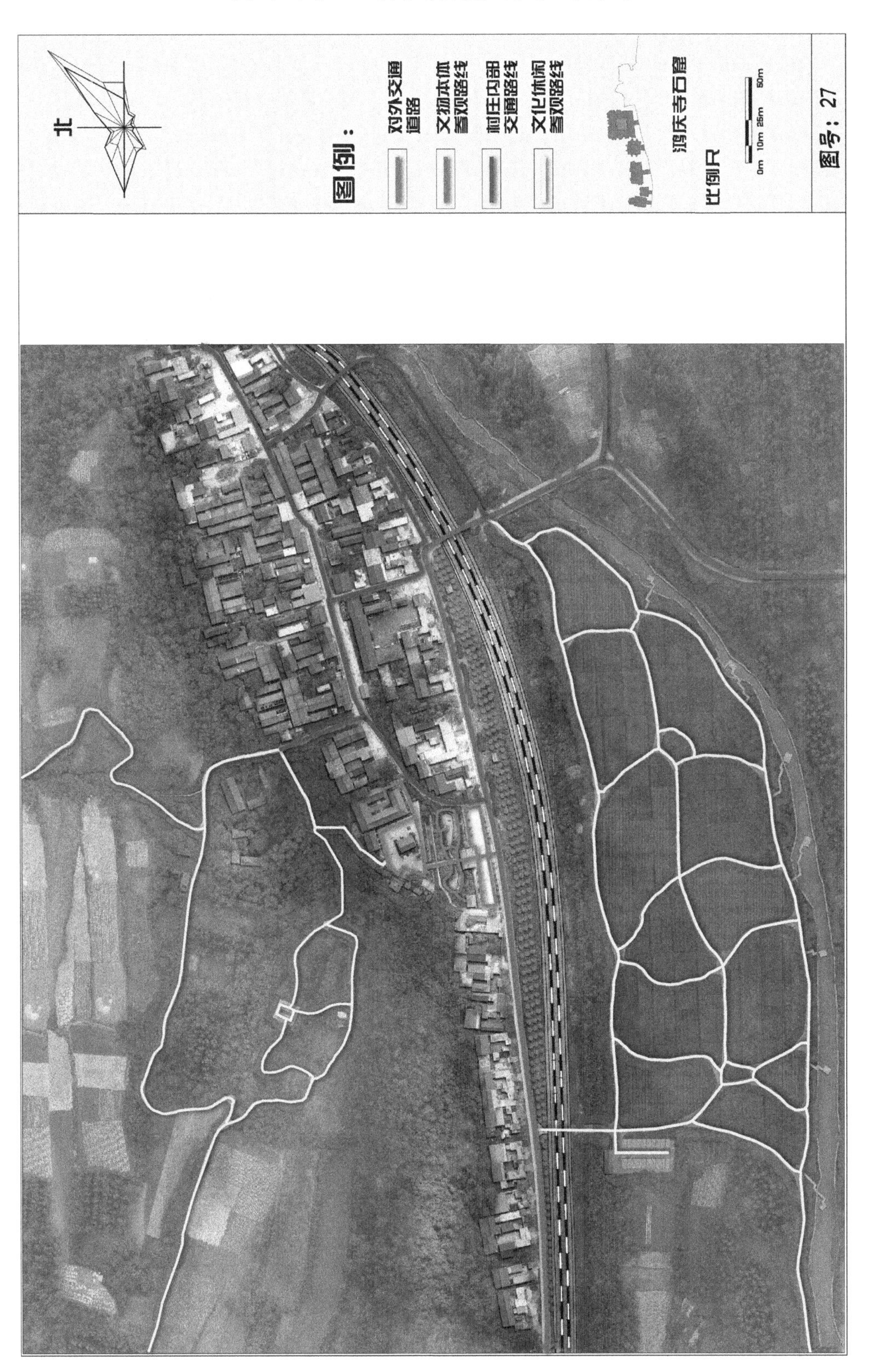
北
图例：
对外交通道路
文物本体参观路线
村庄内部交通路线
文化休闲参观路线
鸿庆寺石窟
比例尺
0m 10m 25m 50m
图号：27

第七节　土地利用现状与规划图

第八节　消防规划图

北
图例：
灭火器
在鸿庆寺内增加
手持式灭火器的
数量，定期更新，
并培训相关工作
人员的消防技
能，禁止在该区
域内使用明火，
严格规范用电。
具体详见文本。

第九节　展示分区图

北
图例：
文物本体展示区
石佛传统村落展示区
涧河文化休闲展示区
鸿庆寺石窟
比例尺
0m 10m 25m 50m
图号：28
传统村落展示
文物本体展示
铁路南景观及涧河景观展示
铁路南景观及涧河景观展示

第十节　分期规划图

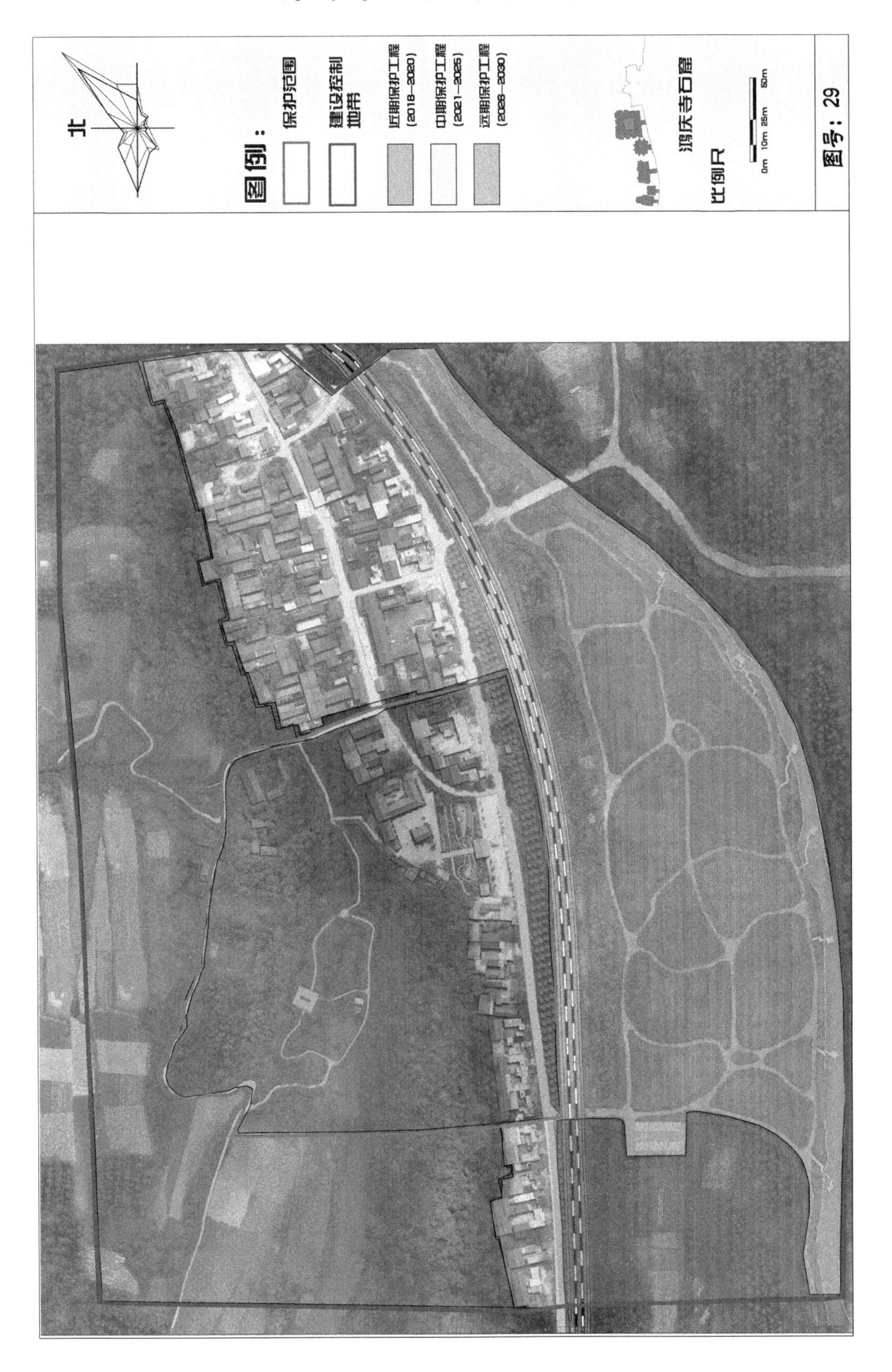
北
图例：
保护范围
建设控制地带
近期保护工程
(2018—2020)
中期保护工程
(2021—2025)
远期保护工程
(2026—2030)
鸿庆寺石窟
比例尺
0m 10m 25m 50m
图号：29

附录一　现状调查照片

一号窟

编号：1

名称：一窟

拍摄时间：2017 年 5 月 29 日

现状情况：保存一般

二号窟

编号：2

名称：二窟

拍摄时间：2017 年 5 月 29 日

现状情况：保存较好

三号窟

编号：3

名称：三窟

拍摄时间：2017 年 5 月 29 日

现状情况：保存一般

四号窟

编号：4

名称：四窟

拍摄时间：2017 年 5 月 29 日

现状情况：保存较好

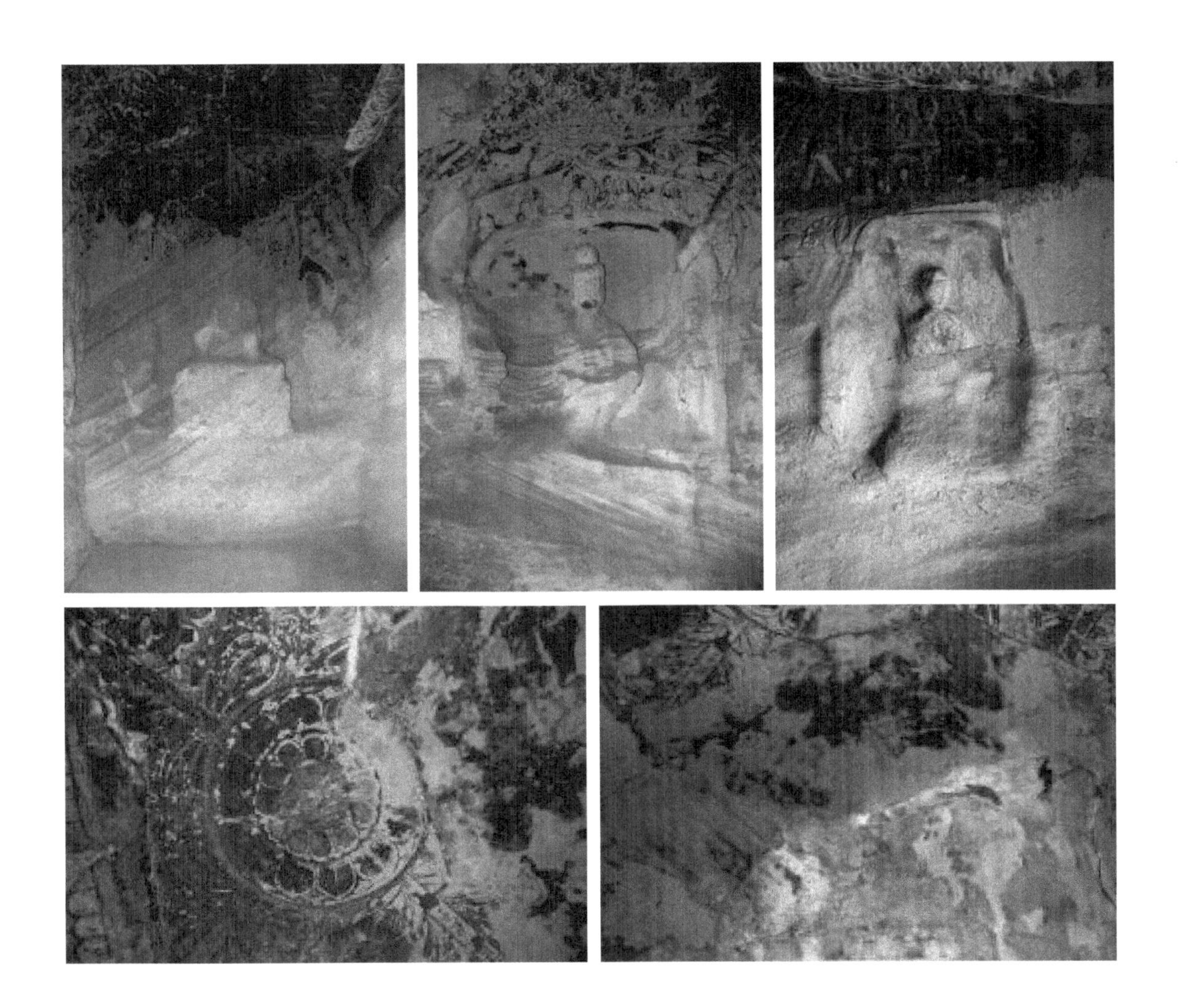

五号窟

编号：5

名称：五窟

拍摄时间：2017 年 5 月 29 日

现状情况：保存较差

古树名木

编号：1

名称：皂角树

拍摄时间：2017 年 5 月 29 日

现状情况：较好

附属文物

编号：1

名称：附属文物

拍摄时间：2017 年 5 月 29 日

现状情况：保存一般

石佛村照片

编号：1

名称：建筑

拍摄时间：2017 年 5 月 29 日

现状情况：保存较差

编号：2

名称：建筑

拍摄时间：2017 年 5 月 29 日

现状情况：保存较差

编号：3

名称：建筑

拍摄时间：2017 年 5 月 29 日

现状情况：保存较好

编号：4

名称：建筑

拍摄时间：2017 年 5 月 29 日

现状情况：保存较好

石佛村照片

编号：1

名称：环境

拍摄时间：2017 年 5 月 29 日

现状情况：较好

编号：2

名称：环境

拍摄时间：2017 年 5 月 29 日

现状情况：较好

编号：3

名称：环境

拍摄时间：2017 年 5 月 29 日

现状情况：较差

编号：4

名称：环境

拍摄时间：2017 年 5 月 29 日

现状情况：电线杂乱

编号：5

名称：涧河

拍摄时间：2017 年 5 月 29 日

现状情况：水质污染

编号：6

名称：涧河

拍摄时间：2017 年 5 月 29 日

现状情况：杂乱

编号：7

名称：环境

拍摄时间：2017 年 5 月 29 日

现状情况：较好

附录二　鸿庆寺石窟文化遗迹调查项目文物考古调勘探报告

一、拟建工程概况

（一）拟建工程名称及位置

义马鸿庆寺石窟位于义马市东南 14 千米的石佛村。鸿庆寺石窟文化遗迹的调查项目，围绕鸿庆寺石窟周边进行。该项目北临白鹿山，南临涧河，东临李家大院。

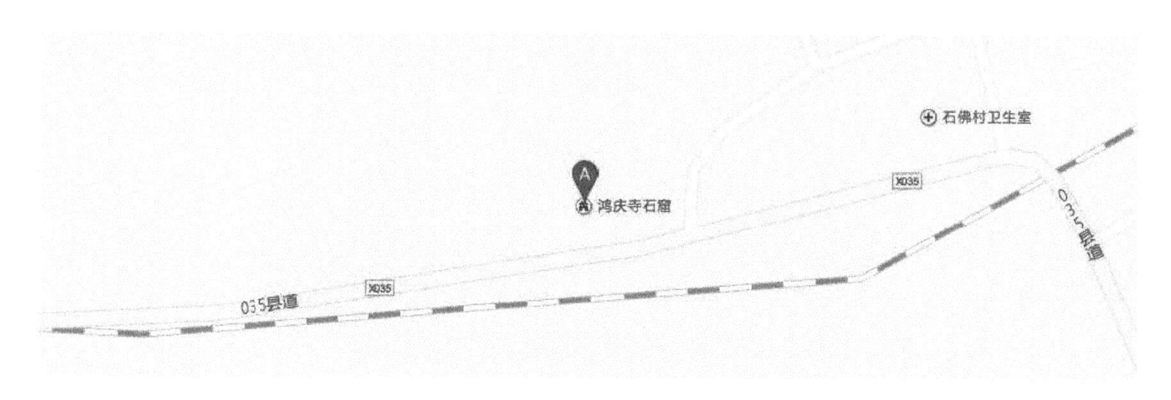

鸿庆寺石窟文化遗迹调查项目探区位置示意图

（二）拟建工程基本情况

义马鸿庆寺石窟文化遗迹调查项目，地处义马市东南 14 千米的石佛村。根据实地调查情况，对该项目进行文物勘探，实际勘探面积大约 1000 平方米。

三、勘探工作情况

（一）工作时间及面积

2017年11月5日，受义马市鸿庆寺石窟保管所的委托，依据《中华人民共和国文物保护法》及河南省《文物保护法》实施办法等相关法律规定，义马市文物地质钻探队对该项目工程范围内进行了为期3天的文物勘探工作，勘探面积约1000平方米。

（二）勘探目的及意义

为了确保鸿庆寺石窟规划编制项目的顺利进行，对鸿庆寺石窟周边进行文物考古调查、勘探，以了解鸿庆寺石窟院落及周边范围内地下有无古文化遗迹存在。我们根据其周边地带文物遗迹遗存的分布情况，对该区域是否有文物埋藏，以及文物遗迹分布情况进行了深入的分析，并制定了详细的勘探工作方案，为文物保护提供准确详实的资料。文物是不可再生的文化资源，文物钻探是调查了解地下文物遗迹分布情况的重要手段，是进行考古发掘的重要依据。

（三）勘探工作方法

在本次文物勘探中，我们严格按照相关的操作规定，力求准确规范的工作方法，根据该项目范围内的地形地貌情况，由义马市文物地质勘探队组织考古勘探技术人员对鸿庆寺的院内人造景观池周边绿化带、鸿庆寺门口绿化带、陇海铁路线以南及鸿庆寺东北部围墙外进行了全面细致的文物考古调查、勘探，依据土质、土色、土层的变化来了解该区域内的地层堆积情况：根据土层内包含物的不同，确定该区域内是否有古文化遗存埋藏。文物勘探工作结束后，及时对资料进行整理，并运用电脑制图的方法完成文物勘探报告的编写，确保文物勘探信息、勘探资料的准确性和完整性。

三、调查、勘探结果

（一）勘探区域土层堆积情况

针对该项目的文物考古调查、勘探工作的进一一步深入，基本确定该探区范围内的土质情况为：

1. 鸿庆寺的院内人造景观池周边绿化带探区（探区 I）：0 ~ 0.3 米为垫土层，0.3 米以下为风化石。

2. 鸿庆寺门口绿化带探区（探区 II）：0 ~ 0.2 米脏土层，为地面浮灰及垃圾，0.2 米以下为风化石。

3. 陇海铁路线以南探区（探区 II）：0 ~ 0.1 米脏土层，0.1 米以下为卵石层。

4. 鸿庆寺东北部围墙外探区（探区 IV）：0 ~ 0.2 米垫土层，0.2 米以下为风化石。

5. 鸿庆寺西围墙周边为村落民房（踏探区 V），土地大面积硬化，无法进行文物考古勘探。经实地考古调查，未发现有古文化遗迹存在。

（二）结语

通过对义马市鸿庆寺石窟周边及院内进行文物考古调查、勘探后，使我们对这里地层堆积和地下遗存分布情况有了较为全面清晰的了解。在已进行的文物考古调查、勘探的范围内，暂未发现古文化遗迹存在。

义马市文物地质钻探队

2017 年 11 月 7 日

文物勘探现场作业图（一）

文物勘探现场作业图（二）

文物勘探现场作业图（三）

文物勘探现场作业图（四）

文物勘探现场作业图（五）

文物勘探现场作业图（六）

附录三　鸿庆寺石窟监测报告

一、工程概况

鸿庆寺石窟位于河南省义马市东南14千米处的常村镇石佛村，依白鹿山，南北一字排开，原有8窟，现存4窟。窟内存有金世宗大定年间（1161年～1189年）、明嘉靖年间（1522年～1566年）及后代重修之碑。2001年6月25日，鸿庆寺石窟作为北魏时期文物，被国务院批准列入第五批全国重点文物保护单位名单。

我国古建筑是中华文明珍贵遗产，这些古建筑物都蕴藏着丰富的历史文化，由于历史久远，其结构的耐久性和抗振性日渐衰退。随着我国铁路事业的飞速发展和铁路振源数量的增加，列车振动荷载古建筑引起的环境问题变得尤为显著，因此如何分析评价列车振动对古建筑的影响成为现在保护中华文化遗产的重要内容。本项目以GBT50452-2008《古建筑防工业振动技术规范》为标准。

根据现场勘察情况，鸿庆寺石窟南侧50米为石佛村村路，来往车辆均为小型车辆；南侧80米为陇海线铁路，是中国境内一条连接甘肃省兰州市与江苏省连云港市的国铁Ⅰ级客货共线铁路，线路呈东西走向，串联中国西北、华中和华东地区，为中国三横五纵干线铁路网的一横，列车最高运营速度160千米/小时。该铁路客运、货运较为繁忙，据现场观测人员观测，火车驶过的频率约为1辆/10分钟，列车在高速行驶时会产生振动，从而对周边建筑物产生影响。为研究公路、铁路对鸿庆寺石窟的影响，监测人员分别在鸿庆寺门口、寺庙院中及石窟前沿放置监测设备，获取客运火车、货运火车及公路汽车行车时产生的监测数据。

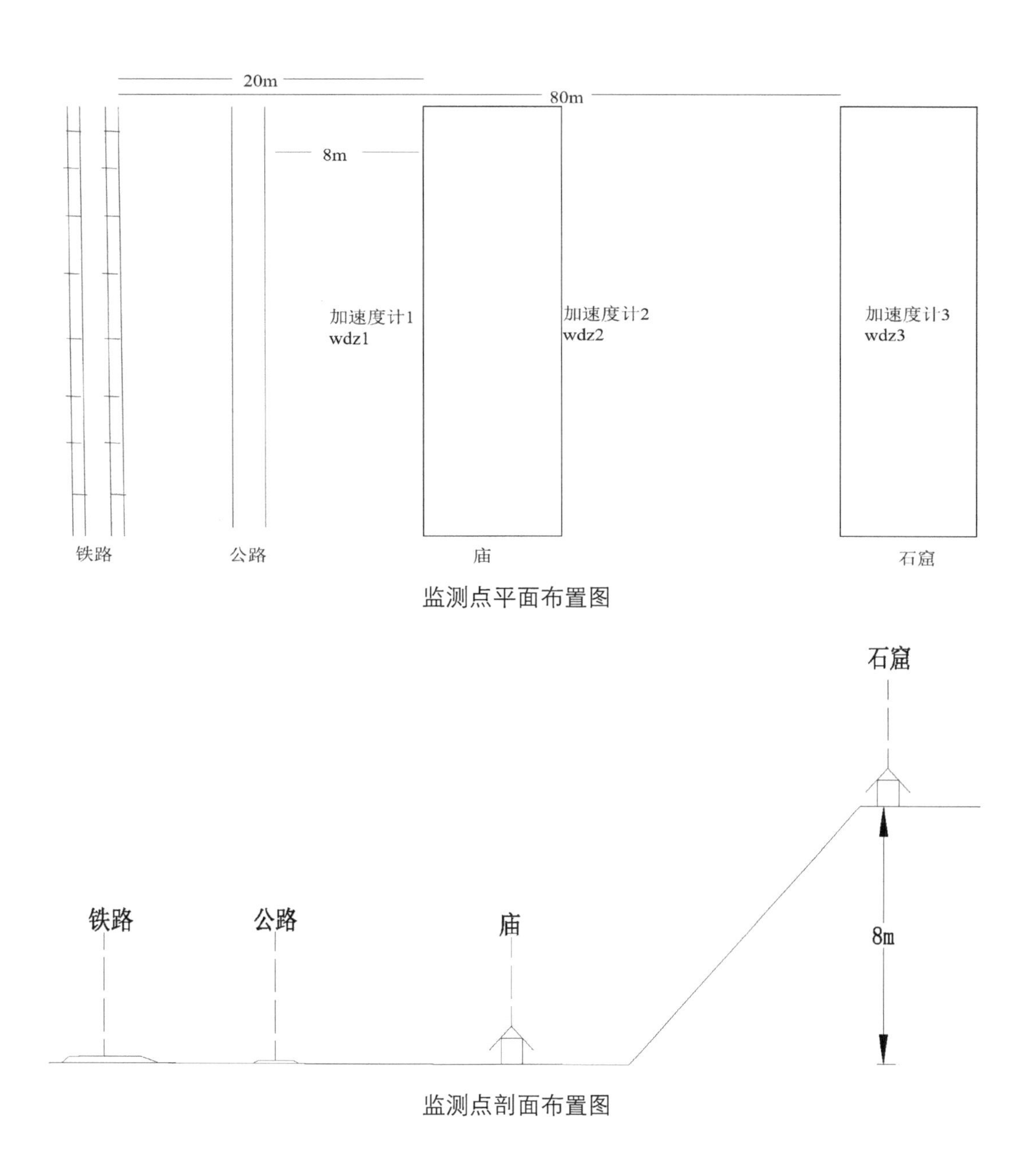

监测点平面布置图

监测点剖面布置图

二、监测设备与监测方法

河南省历史悠久，其文物范围广、周围环境复杂，如何对如此大范围的文物进行更好地保护成为管理的难点和痛点，北斗系统的诞生正给这个棘手的问题提供了解决思路。随着两颗全球组网卫星顺利升空，我国成功完成北斗三号基本系统星座部署。作为我国改革开放40多年来取得的重要科技成就之一，北斗卫星导航系统是我国自主建设、独立运行的重要空间基础设施，能提供全天候的精准时空信息服务。利用该精准的时空信息，对文物的保护以及管理无疑将在现有方法上提升到另一个档次。

（一）北斗导航系统位置服务

利用北斗导航定位技术进行文物保护，可以对文物巡查人员的巡查轨迹进行定位，方便文物部分后期管理，固时对野外文物进行相应保护。组合卫星遥感技术对各个保护区内地表自然、人文活动的情况进行动态监测，效率高且效果更好。

文物的监测手段往往根据不同的结构与特性有不同的方式，利用北斗系统的精准位置服务定位传感器，也是监测中必不可少的环节。此外，基于北斗导航技术，各类智能旅游平台及旅游专用北斗终端也在各类文物保护任务中扮演了重要角色，许多景区已经开放智能导航讲解系统、基于北斗位置功能的自助导游等功能。

此次鸿庆寺石窟监测北斗导航系统为传感器提供了精准的位置服务，为数据处理以及可视化提供了保障。

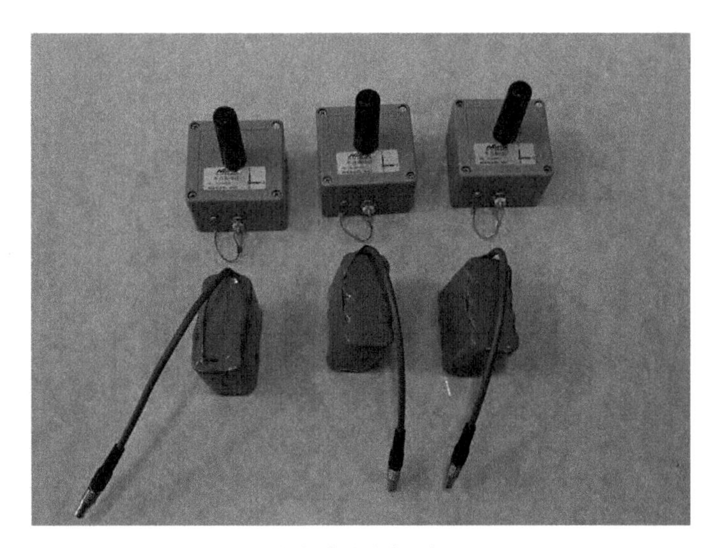

鸿庆寺监测设备

（二）北斗导航系统授时服务

基于北斗授时设备最早在2003年进入通信领域，在2008年之前主要提供频率同步服务，此后可同时提供时间同步和频率同步服务。北斗系统搭载了高精度的原子钟，因而北斗导航系统的授时精度为纳秒级，完全可以满足通信网中各种通信设备对频率同步和时间同步的需求。

文物监测系统钟由于传感器多样化，不同传感器只能采用内部晶振标定自己进行采样，而普通的晶振精度较差，长时间稳定性并不好。北斗的授时系统恰恰弥补了这一问题，北斗地球同步卫星发送标准时钟信号信息，产生 1PPS（秒信号）同步脉冲信号，传感器利用该信号即可达到较好的长期稳定性，且有纳秒级的同步精度，完全可以在长时间的文物监测应用中得以正常使用。

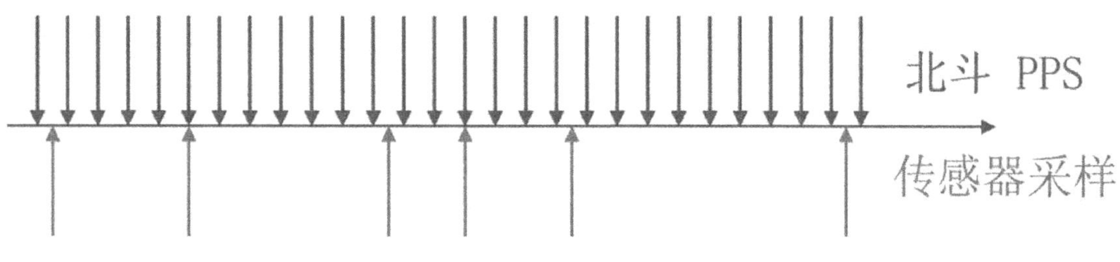

北斗 / 传感器时间同步图

三、评价标准及结果

为保护古建筑，中华人民共和国住房和城乡建设部于 2008 年，制定了相关国家标准，根据 GBT50452-2008《古建筑防工业振动技术规范》，石窟的容许振动速度规定采取如下表：

表 3-1　石窟的容许振动速度［V］(mm/s)

保护级别	控制点位置	控制点方向	岩石类别	岩石 Vp（m/s）		
全国重点文物保护单位	窟顶	三向	砂岩	<1500	1500-1900	>1900
				0.10	0.10-0.13	0.13
			砾岩	<1800	1800-2600	>2600
				0.12	0.12-0.17	0.17
			灰岩	<3500	3500-4900	>4900
				0.22	0.22-0.31	0.31

注：1. 表中三向指窟顶的径向、切向、竖向
　　2. 当 Vp 介于 1500-1900m/s、1800-2000m/s、3500-4900m/s 之间时，［V］采用插入法取值。

根据 1987 年，河南省古代建筑保护研究所发表得《鸿庆寺石窟》一文中，确定该石窟岩性为砂岩。

表 3-2　以加速度为基准的数量级关系

频率（Hz）	0.1	1	10	100
位移（mm）	2533.0300	25.3300	0.2500	0.0025
速度（mm/s）	1591.5500	159.1500	15.9200	1.5900
加速度（m/s^3）	1.0000	1.0000	1.000	1.000

注：上表取自建筑工程容许振动标准 GB 50868-2013

现场传感器放置情况如图 1-2 所示，wdz1/wdz2/wdz3 分别距离铁路约 20m/40m/80m，根据汽车、火车以及传感器情况，将数据分为三种类型，分别是：1. 铁路上行驶客运火车；2. 铁路上行驶货运火车；3. 公路上行驶汽车。

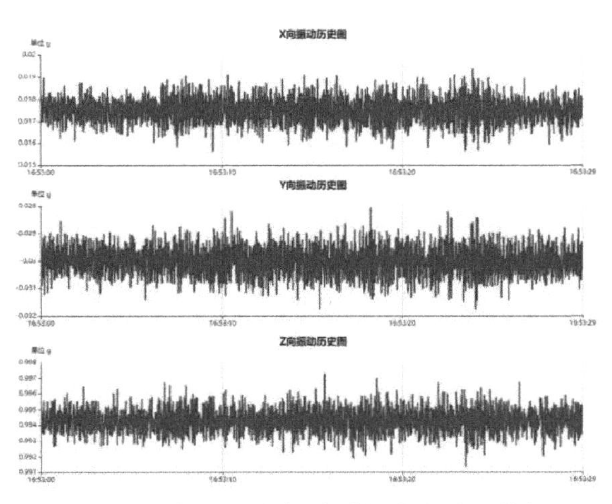

图 3-1　客运火车行驶时加速度计 1 数据

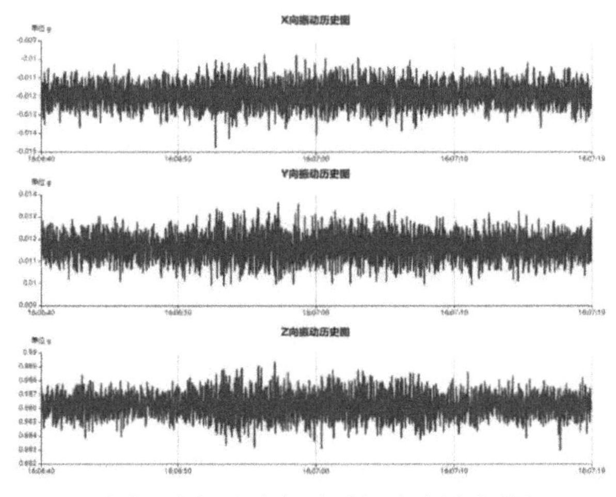

图 3-2　客运火车行驶时加速度计 2 数据

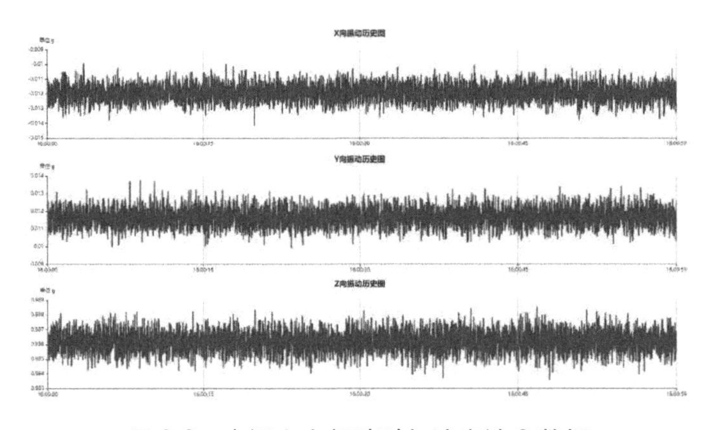

图 3-3　客运火车行驶时加速度计 3 数据

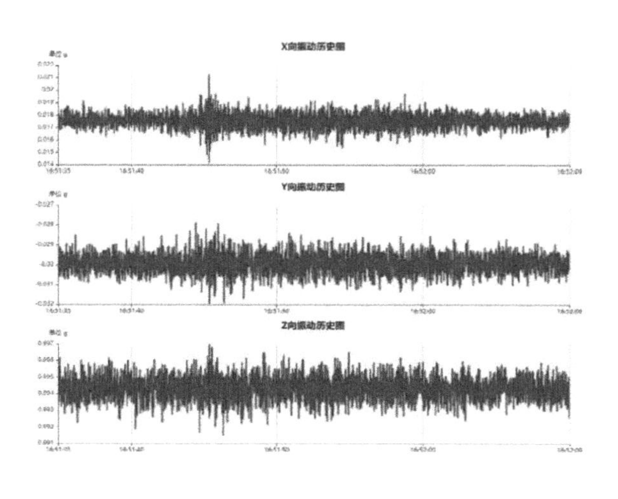

图 3-4　货运火车行驶时加速度计 1 数据

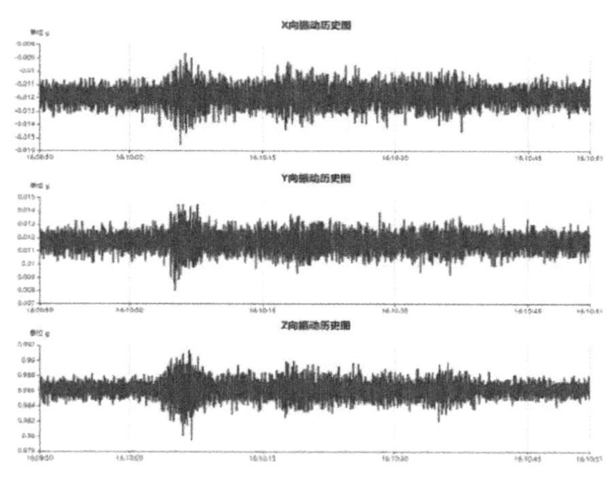

图 3-5　货运火车行驶时加速度计 2 数据

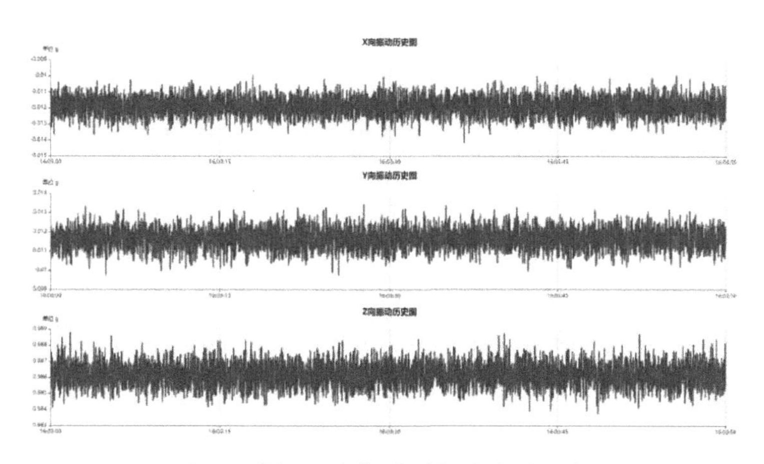

图 3-6　货运火车行驶时加速度计 3 数据

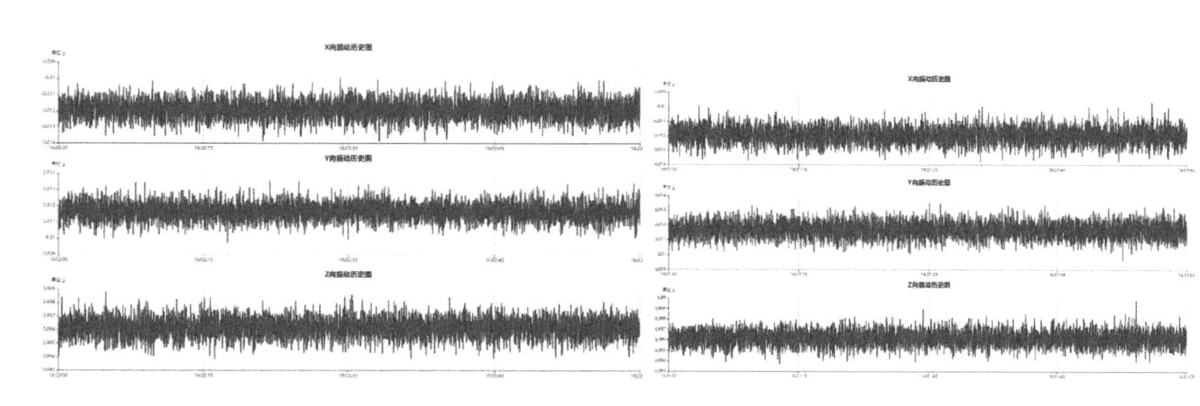

图 3-7　公路上行车时加速度计 1 数据

图 3-8　公路上行车时加速度计 2 数据

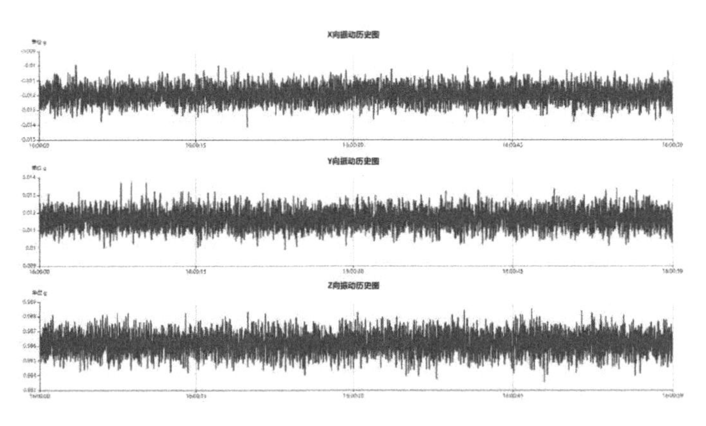

图 3-9 公路上行车时加速度计 3 数据

由图 3-7—图 3-9 可得出，当公路上行驶汽车时，对各点加速度计几乎没有影响，故可忽略不计。由图 3-1—图 3-6 可得到客运火车、货运火车行驶时各监测点加速度计的监测数据，如下表 3-3 所示：

表 3-3 加速度计各点监测数据一览表

	监测点	wdzl			wdz2			wdz3		
		X（m/s^2）	Y（m/s^2）	Z（m/s^2）	X（m/s^2）	Y（m/s^2）	Z（m/s^2）	X（m/s^2）	Y（m/s^2）	Z（m/s^2）
列车类型	客车	0.00150	0.00140	0.00220	000130	0.00027	0.00200	0.00064	0.00077	0.00249
	货车	0.00290	0.01010	0.00600	0.00260	0.00140	0.00220	0.00100	0.00207	0.00207

现场采样频率为 100Hz，查询表 3-2，即可得到各监测点的地面振动速度及位移，如下表 3-4 所示

表 3-4 加速度计各点地面振动速度及位移

		监测点	wdzl			wdz2			wdz3		
			X	Y	Z	X	Y	Z	X	Y	Z
列车类型	客车	速度（mm/s）	0.002385	0.002226	0.003498	0.002067	0.000429	0.003180	0.0010176	0.0012275	0.0039559
		位移（mm/s）	0.000004	0.000004	0.000006	0.000003	6.750E-07	0.000005	0.0000016	0.000002	0.000006
	货车	速度（mm/s）	0.004611	0.016059	0.009540	0.004134	0.002226	0.003498	0.00158682	0.003293	0.003293
		位移（mm/s）	0.000007	0.000025	0.000015	0.000007	0.000004	0.000006	0.000002	0.000005	0.000005

根据 GBT50452-2008《古建筑防工业振动技术规范》相关要求可知，在客运火车、货运火车行驶过程中，监测点各处计算求得的速度及位移均满足相关规范要求。

综上所述，陇海线铁路火车及公路汽车的行驶产生的震动对鸿庆寺石窟的影响可忽略不计。

后记

感谢义马市文广新局及鸿庆寺石窟文物保护管理所提供的大力支持。

从该课题的前期讨论、资料收集和现场调查等各个环节，鸿庆寺石窟文物保护管理所平书光所长，以及义马市文化旅游局相关领导同志，在课题实施的全过程都给予了大量无私的帮助。在此致以诚挚的感谢。

本书虽已付梓，但仍感有诸多不足之处。对于鸿庆寺的研究仍然需要长期细致认真的工作，我们将继续努力研究探索。至此再次感谢为本书出版给予帮助、支持的每一位领导、同事、朋友，感谢每一位读者，并期待大家的批评和建议。